Ihre Projektmanagement-Tools zum Download

- **Checkliste Vorsicht Dominanzsignale:** Dominante Teammitglieder schnell erkennen und entsprechend agieren

- **Fragenkatalog für Einzelgespräche:** Fragen für Einzelgespräche mit Teammitgliedern zu Beginn der Projektarbeit, um sich ein Bild von ihnen zu machen

- **Grundstruktur von Anforderungen:** Schema aller wesentlichen Anforderungen an ein Projektteam, um herauszufinden, welche Kompetenzen im Team benötigt werden

- **Interviewfragen zur Anforderungsanalyse:** Fragen für Experteninterviews, um vor der Teamzusammenstellung die Anforderungen eines Projektes zu analysieren

- **Leitfaden für Feedbackgespräche** (Modell der 5-Stufen-der-Problemerkenntnis): Bei Störungen erkennen, auf welcher Stufe der Problemerkenntnis sich ein Mitarbeiter befindet und adäquat reagieren

- **Leitfaden für Konfliktgespräche** (Regeln der Aussprache): Für Gespräche anlässlich von Störungen, Konflikten und Krisen im Team

- **Lern- und Entwicklungsplan für Mitarbeiter:** Vorlage für die Planung detaillierter Maßnahmen zur Entwicklung von Teammitgliedern

- **Personalentwicklungstools (Übersicht):** Schema zur Festlegung von Maßnahmen, Zielen und Terminen bei der Entwicklung von Teammitgliedern

- **Psychologisches Typenmodell:** Modell zur schnellen und pragmatischen Typisierung von Teammitgliedern, erste Orientierung vor und während des Projekts sowie bei Konflikten

- **Standardkompetenzprofil für Projektmitarbeiter:** Schema für die Analyse, welches (potenzielle) Teammitglied über welche Kompetenzen verfügt

Bibliografische Information der Deutschen Nationalbibliothek
Die Deutsche Nationalbibliothek verzeichnet diese Publikation in der Deutschen National-
bibliografie; detaillierte bibliografische Daten sind im Internet über http://dnb.ddb.de
abrufbar.

ISBN 978-3-448-09349-0
Bestell-Nr. 00112-0001

© 2009, Rudolf Haufe Verlag, Freiburg i. Br.
Redaktionsanschrift: Postfach 13 63, 82142 Planegg/München
Hausanschrift: Fraunhoferstraße 5, 82152 Planegg/München
Telefon (089) 8 95 17-0, Telefax (089) 8 95 17-2 50
Produktmanagement: Steffen Kurth

Redaktion und DTP: Nicole Jähnichen und Sylvia Rein, München
Umschlaggestaltung: Kienle gestaltet, Stuttgart
Druck: Schätzl Druck, Donauwörth

Dr. Marcus Heidbrink

Das Projektteam

Auswahl, Führung und Zusammenarbeit

Haufe Mediengruppe
Freiburg • Berlin • München

Inhalt

Einführung

Für Sie als Projektleiter ist die Teamführung die größte Herausforderung, aber gleichzeitig Ihr wichtigster Erfolgsfaktor. Ohne ein funktionierendes Team nützen die besten Projektpläne nichts. Dieser Ratgeber handelt von den entscheidenden Weichenstellungen in der Teamführung, von den Situationen, in denen sich klärt, ob Sie mit dem Projekt scheitern, ob Sie die Projektziele erreichen oder ob Sie und Ihr Team eine Spitzenleistung erbringen.

Der Erfolg Ihres Projekts hängt vom Zusammenwirken der beteiligten Menschen ab. Als Leiter eines Projekts haben Sie Einfluss auf die Qualität der Zusammenarbeit in Ihrem Team. In diesem Buch werden die Vorgehensweisen, Möglichkeiten und Instrumente beschrieben, mit denen Sie als Führungskraft den Ausschlag darüber geben können, dass Ihr Projekt an den entscheidenden Gabelungen den richtigen Weg einschlägt.

Es geht in diesem Buch nicht um ein vollständiges, theoretisches Rahmenwerk der Projektführung, sondern um das Schärfen des Blicks für die erfolgskritischen Situationen und das Erweitern der von Ihnen wahrgenommenen Handlungsalternativen. Die entscheidenden Weggabelungen, in denen es wirklich auf Sie und Ihre Führungsstärke als Projektleiter ankommt, werden jeweils mit einem anschaulichen Beispiel aufgegriffen und im Hinblick auf alternative Verhaltensoptionen diskutiert. Jedes Kapitel schließt mit praktischen Tipps und dem Erläutern der für das Meistern der Herausforderungen nötigen Instrumente.

Es gibt wenig Belohnenderes, als die Energie und Intelligenz eines Teams zum Fliegen zu bringen. Es sind die Menschen, die den Unterschied zwischen einem soliden und einem sehr guten Projektergebnis ausmachen. Genießen Sie dieses Buch und lernen Sie, die Zusammenarbeit mit anderen zu lieben. Nehmen Sie sich selbst ernst und seien Sie ein Segen für die Menschen in Ihrer Umgebung. Das wünsche ich Ihnen.

Mein persönlicher Dank gilt Margit Schürmann für ihre Unterstützung.

Dr. Marcus Heidbrink

1 Die richtigen Personen an Bord holen

Die richtigen Personen an Bord zu haben ist entscheidend für den Erfolg eines Projekts, aber leichter gesagt als getan. Es gibt wenig im Verlauf eines Projekts, das sich so schwer korrigieren lässt wie eine falsche Personalauswahl. Fehler, die bei der Zusammenstellung eines Projektteams begangen werden, badet der Projektleiter mit eigenem Einsatz, Konfliktmanagement und vielen grauen Haaren im Verlauf des Projekts bitter aus. Schwierig wird es besonders in den folgenden Situationen:

- Ich habe die „freie Auswahl" bei der Zusammenstellung meines Teams, bin mir aber nicht über die Anforderungen an meine Projektmitglieder im Klaren.

- Ich darf eine Selektion machen, bin mir aber unsicher über den Einsatz zeiteffizienter, zumutbarer und valider Personalauswahlinstrumente.

- Ich habe zu wenige Leute an Bord und müsste mir dringend zusätzliche Ressourcen sichern.

- Ich habe Maulwürfe und Meuterer an Bord, kann mich aber nicht einfach von ihnen trennen.

In all diesen Ausgangsszenarien gibt es eine Menge falsch zu machen, jedoch auch einige Instrumente, Checklisten und Best-Practice-Ansätze, die helfen, von Anfang an das Fundament für den Projekterfolg richtig zu gießen.

Welche Kompetenzen Sie im Team brauchen

 DAS SZENARIO

Bei meinem ersten Arbeitgeber, einer Unternehmensberatung, erhielt ich den Auftrag, innerhalb von nur sechs Wochen die konkreten Wachstumschancen des Unternehmens über die Nutzung des Internets zu analysieren, sowohl als Vertriebs- und Marketingplattform als auch durch online-gestützte Beratungsservices. Zusammen mit dem Projektauftrag überreichte man mir einen groben Projektplan mit den Projektzielen sowie eine Liste von Kollegen, aus denen ich mir ein Projektteam zusammenstellen durfte. Die Zusammenstellung der Liste erschien mir recht beliebig. Alsbald erfuhr ich, dass alle Kollegen auf der Liste zu der Zeit in keinem wesentlichen Kundenprojekt eingesetzt waren. Nur wenige Namen waren mir geläufig. Mir wurde rasch klar, dass ich zunächst wissen musste, welche Kompetenzen ich überhaupt im Projektteam benötigte. Die Zeit drängte. Was tun?

Wege zur Lösung

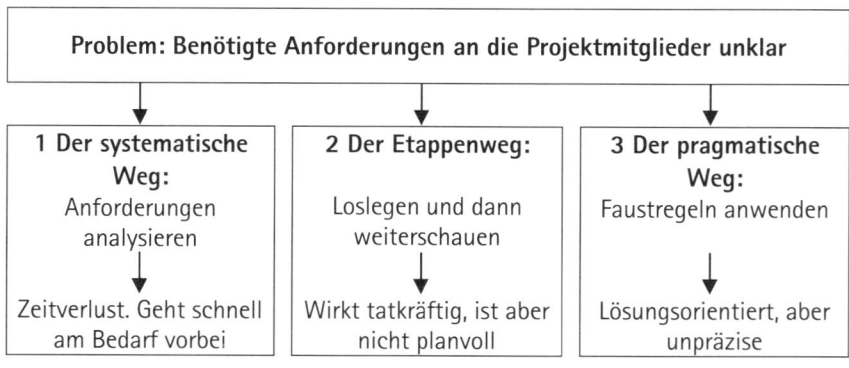

Problem: Benötigte Anforderungen an die Projektmitglieder unklar

1 Der systematische Weg: Anforderungen analysieren	2 Der Etappenweg: Loslegen und dann weiterschauen	3 Der pragmatische Weg: Faustregeln anwenden
Zeitverlust. Geht schnell am Bedarf vorbei	Wirkt tatkräftig, ist aber nicht planvoll	Lösungsorientiert, aber unpräzise

1 Der systematische Weg: Anforderungen intensiv analysieren

Wenn ich mir über die Anforderungen an meine Teammitglieder im Unklaren bin, sollte ich Leute fragen, die sich damit auskennen. Im ersten Schritt muss ein klar gegliederter Projektplan mit entsprechenden Meilensteinen, gegebenenfalls Teilprojektdefinitionen und eindeutig formulierten Zielen entwickelt werden. Aus den Zielen des jeweiligen Projektschritts leite ich dann Ziele einer speziellen Position in meinem Projektteam ab. Anschließend stelle ich mir die Frage: „Was muss ein perfekter Stelleninhaber wissen, können bzw. wollen, um die zugeordnete Aufgabe erfüllen und die damit verbundenen Ziele erreichen zu können?". Diese Frage (siehe das Tool „Interviewfragen zur Anforderungsanalyse" auf S. 47) diskutiere ich mit Experten, zum Beispiel mit erfahrenen (Alt-)Projektleitern, mit dem Lenkungsausschuss, mit besonders erfolgreichen Projektmitarbeitern und mit solchen, die bekanntlich schlecht geleistet haben oder sogar das Unternehmen verlassen haben. Auf diese Weise erhalte ich ein facettenreiches und konturiertes Bild über die entscheidenden Kompetenzen für mein Projekt. Dieser Ansatz ist aufwändig, kann aber durch die folgenden Aspekte systematisiert werden:

- Der Projektplan muss in detaillierter und verbindlicher Form vorliegen, denn die Anforderungen an die Personen lassen sich direkt aus den zu erledigenden Aufgaben ableiten.

- Ich muss bei der Auswahl der zu befragenden Experten eine gute Mischung treffen. Besonders facettenreich wird das Bild, wenn extrem erfolgreiche und nachweislich nicht erfolgreiche Projektleiter interviewt werden.

- Ich muss die richtigen Fragen bei der Anforderungsanalyse stellen.

VORSICHT BOMBE!

Bei einer systematischen Anforderungsanalyse verliert man sich schnell im Detail. Man interviewt zu viele Experten, eine Abgrenzung fällt schwer. Beim Aufschreiben der Anforderungen stellt sich die Frage der Körnungstiefe, also in wie weit präzisiert werden muss. Zu häufig wird ein Job vollständig, zu detailliert und damit zu umfangreich beschrieben. Die entscheidenden Kompetenzen verwässern dabei, und später wird kein Kandidat die umfassenden Anforderungen erfüllen.

PRO

Qualität: Der Aufwand für eine systematische Anforderungsanalyse zahlt sich qualitativ aus: Eine anforderungsgerechte und präzise Anforderungsanalyse bildet die Basis für eine fokussierte Personalsuche und -auswahl und kann später als Orientierungshilfe für eine gezielte Personalentwicklung oder Mitarbeiterbeurteilung im Projekt dienen.

Karriere: Wenn Sie in einem wissenschaftlich orientierten Unternehmen arbeiten, in dem detaillierte Analysen, das sichere Anwenden von Methoden und die Systematisierung von Fragestellungen hoch angesehen sind, können Sie mit diesem Weg punkten.

 CONTRA

Termine: In zeitkritischen Projekten empfiehlt sich nicht, zu viel Zeit auf eine umfangreiche Anforderungsanalyse zu verwenden. Im Grunde verlängern Sie die Planungsphase erheblich, was zu ungeduldigen Reaktionen im Lenkungsausschuss bzw. bei Ihren Vorgesetzten führen kann.

Karriere: Mit diesem Weg machen Sie sich seitens der Pragmatiker im Unternehmen angreifbar. Sie betonen Ihr Methoden-Know-how, laufen aber Gefahr, als zu akademisch, perfektionistisch oder kompliziert wahrgenommen zu werden.

Kosten: Haben Sie das Geld und die Zeit für eine umfangreiche Anforderungsanalyse?. Arbeiten die zu interviewenden Experten an unterschiedlichen Standorten fallen Reisezeiten und zusätzliche Kosten an.

Fazit: Wann dieser Weg Erfolg verspricht

Der systematische Weg verlangt erheblichen Zeit- und Kostenaufwand. Damit ist dieser Weg bei dringenden Projekten wie im oben beschriebenen Szenario nicht geeignet. Der operative Projektstart verzögert sich im Zweifel erheblich, daher ist dieses Vorgehen nur in Projekten ratsam, bei denen der Mehraufwand gerechtfertigt ist. Dies ist der Fall bei Projekten, die sehr langfristig angelegt sind, oder bei Projekten, in denen viele Personen an sehr unterschiedlichen Themen arbeiten. Achten Sie dann aber auf einen strukturierten Prozess, verlieren Sie sich nicht im Detail und beschreiben Sie nicht jede kleine Jobvariante mit einem separaten Anforderungsprofil. Es gilt: So viel positionsspezifische Anpassungen wie nötig und so viel Standardisierungen wie möglich.

Entsprechende Unternehmenskultur: Wenn Sie als Selbstständiger oder als angestellter Projektleiter in einer Umgebung arbeiten, die viel Wert auf ihre akademischen Wurzeln legt, werden Sie mit Ihrem Vorschlag, zunächst eine systematische Anforderungsanalyse durchzuführen, offene Türen einrennen. In manchen Unternehmenskulturen zählen pragmatische Lösungen nichts.

2 Der Etappenweg: Loslegen und dann weiterschauen

Eine mögliche Variante des Loslegens kann die Zusammenstellung eines Kernteams sein. Als unerfahrener Projektleiter ist man froh, wenn einem andere zur Seite stehen. Zur Beantwortung der Frage, welche Anforderungen an die zu rekrutierenden Projektmitarbeiter zu stellen sind, sollte das gesamte Projekt überschaut und müssen alle wesentlichen Aufgabenstellungen antizipiert und durchdacht werden. Gerade bei komplexen Fragestellungen kann das auch erfahrene Projektleiter schnell an ihre Grenzen führen. Eine mögliche Lösung kann es daher sein, zunächst ein Kernteam zu bestimmen und mit diesem als eine der ersten gemeinsamen Aufgaben die Anforderungsprofile für die weiteren Projektmitarbeiter festzulegen. Die Weisheit der Vielen mag dazu beitragen, die entscheidenden Skills zu identifizieren, die für den Projekterfolg nötig sind. Allerdings sollten Sie dabei beachten,

- die Führung und Initiative in dem Kernteam nicht zu verlieren,
- kein zu homogenes Kernteam zusammenzustellen, da gruppendynamische Prozesse zu minderwertigen Konsensentscheidungen führen kön-

nen, insbesondere wenn zu ähnliche Persönlichkeiten und Interessen zusammen kommen und

- sicherstellen, dass die Ressourcen und die Startdynamik auch dann noch verfügbar sind, wenn das Kernteam seine Anforderungsanalyse erledigt hat und endlich mit der Rekrutierung und der eigentlichen Projektarbeit begonnen werden kann.

 VORSICHT BOMBE!

Wenn Sie in einem Projekt zunächst mit einem Kernteam starten, müssen Sie sich darüber im Klaren sein, dass dieses Kernteam als „Platzhirsch" wahrgenommen werden wird, im Guten wie im Schlechten. Die Gefahr besteht beispielsweise darin, dass leistungsstarke Mitarbeiter nicht mehr in Ihrem Projekt mitwirken wollen, weil sie denken, dass die Einflussmöglichkeiten auf das Projekt beschränkt sind. Ist das Kernteam nicht korrekt gebildet worden, kann es im Verlauf eines Projekts zur Erosion des Kernteams kommen. Dann bilden sich neue Führer heraus, was mit nervigen Hierarchiespielchen und unnötigen Aggressionen einhergeht.

So entschärfen Sie die Bombe

1 Legen Sie größte Sorgfalt auf die Auswahl des Kernteams. Häufig genug sind die Personen, die am verfügbarsten sind, nicht die Richtigen.
2 Schaffen Sie Transparenz über die Rolle des Kernteams im Verlauf des Projekts: Handelt es sich nur um eine Art Vorauskommando oder soll das Kernteam auch das spätere Führungsteam im Projekt sein?

 PRO

Qualität: Es ist zu erwarten, dass Anforderungsprofile eine höhere Qualität aufweisen, wenn sie nicht von einer Einzelperson, sondern von einer Gruppe von kompetenten Personen im Diskurs erstellt werden.

Termine: Wenn Sie mit einem Kernteam starten, vergeuden Sie in der wichtigen Startphase eines Projekts keine Zeit mit umfangreichen Anforderungsanalysen auf eigene Faust. Das Projekt kann sofort Fahrt aufnehmen.

Karriere: Der Einsatz eines Supportteams für eine originäre Leitungsaufgabe wie die der Teamauswahl könnte Ihnen von kritischen Stimmen im Unternehmen als Rückdelegation mit unklaren Verantwortlichkeiten ausgelegt werden. In manchen Unternehmenskulturen gilt es noch als Schwäche, nicht alles im Alleingang zu entscheiden.

Qualität: Homogene Teams neigen zum Schmoren im eigenen Saft. Anstatt die Kreativpotenziale der Gruppe zu nutzen, laufen homogene Teams Gefahr, einer Mehrheitsmeinung hinterher zu laufen, die obendrein noch qualitativ schwächer ist als die beste verfügbare Einzelmeinung.

Fazit: Wann dieser Weg Erfolg verspricht

Der Etappenweg hat deutliche Vorteile, wenn es darum geht, sichtbar für den Auftraggeber die Aktivitäten im Projekt aufzunehmen. Allerdings sollte bei der Auswahl des Kernteams sorgfältig auf die „Mitspieler" geachtet werden. Denn wahrscheinlich kommen zuerst die Personen in Betracht, die Ihnen ohnehin nahe stehen und vielleicht gemeinsam mit Ihnen die Initiative für das Projekt gestartet haben. Diese müssen aber nicht zwingend auch die Richtigen für Ihr Kernteam sein.

Handlungs- versus lageorientierte Unternehmenskultur: Arbeiten Sie als Projektleiter in einer handlungsorientierten Unternehmenskultur mit Machermentalität, so sind Sie gut beraten, nach erfolgter Projektinitiierung schnell erste sichtbare Aktivitäten zu zeigen. Die Etablierung eines Kernteams, das sich mit der Projektspezifizierung und der Definition der erforderlichen Kompetenzen und Fertigkeiten befasst, kann in einer solchen Unternehmenskultur das richtige Startsignal sein. Sollten Sie dagegen in einer lageorientierten Arbeitsumgebung (in der die Auseinandersetzung mit dem aktuellen Zustand mehr zählt, als das Angehen von neuen Aufgaben) als Projektleiter gefordert sein, empfiehlt es sich, vorschnelle Entscheidungen, wie die rasche Initiierung eines Kernteams, zu vermeiden. Man könnte Sie des Aktionismus verdächtigen.

3 Der pragmatische Weg: Faustregeln anwenden

Wenn Ihnen der systematische Weg der Anforderungsanalyse zu aufwändig erscheint, können möglicherweise Faustregeln oder Standardschemata helfen, die richtigen Anforderungen für Ihre Projektmitglieder festzulegen. Natürlich müssen Sie bei diesem Weg Abstriche bei der Präzision der Anforderungsprofile in Kauf nehmen. Sie gewinnen aber andererseits wichtige Zeit und erhalten sich die Dynamik der Startphase im Projekt.

Ein prototypisches Standardkompetenzprofil für Projektmitarbeiter, das sich an der Grundstruktur für Anforderungen orientiert, finden Sie kurz beschrieben auf S. 50 des Buches und ausführlich dargestellt im Online-Portal unter www.projektmagazin.de/klartext. Erfahrungsgemäß deckt dieses Musterprofil 80 % der Projektpositionen ab. Die Fachspezifika der einzelnen Spezialisten im Projekt müssen unter Umständen nur grob festgehalten werden, hier ließe sich Aufwand sparen.

Wenn mich jenseits der Fachlichkeit auch die Persönlichkeiten und Charaktere der Teammitglieder, die ich in meinem Projekt haben möchte, interessieren, kann ich auf ein pragmatisches Typenmodell (siehe die Beschreibung des Tools auf S. 50) zurückgreifen. Hier kann ich psychologische Einschätzungen im Soll bzw. Ist vornehmen, ohne eine Batterie an Persönlichkeitstests heranziehen zu müssen.

Die Kunst bei dem pragmatischen Weg besteht darin, das Richtige wegzulassen. Insbesondere sollten Sie bedenken:

- Verzichten Sie, wenn Sie ein Projektteam zusammenstellen, auch unter Zeitdruck nicht auf die Definition von Anforderungsprofilen. Reduzieren Sie lieber gezielt den Aufwand für die Anforderungsanalyse. Greifen Sie z. B. auf die Grundstruktur von Anforderungen oder auf Standardkompetenzprofile zu, anstatt aufwändige Experteninterviews durchzuführen.

- Das psychologische Typenmodell gibt Ihnen eine Orientierung über die Bandbreite der möglichen Charaktere in Ihrem Team. Stellen Sie sicher, dass Sie für die unterschiedlichen Aufgaben in Ihrem Projekt die passenden Typen an Bord haben.

- Fokussieren Sie nicht einseitig die technischen Skills der potenziellen Mitarbeiter, sondern nehmen Sie auch soziale Skills, Engagement und Qualitäts- und Leistungsanspruch in Ihren Anforderungskatalog mit auf.

Der pragmatische Weg mag Personal- und Projektexperten als zu vereinfachend erscheinen. Wahrscheinlich käme man mit aufwändigeren Experteninterviews und einer intensiven Anforderungsanalyse zu vergleichbaren Ergebnissen, in manchen Unternehmenskulturen ist es aber auch wichtig, den Arbeitsprozess zum Ergebnis systematisch zu gestalten und transparent zu machen. Was nützt Ihnen ein auf pragmatischem Weg entwickeltes Anforderungsprofil, wenn dessen Gültigkeit von den Auftraggebern des Projekts in Frage gestellt wird?

So entschärfen Sie die Bombe

1 Kommunizieren Sie Ihr Vorgehen und arbeiten Sie dabei die Systematik und die Validität Ihres Ansatzes heraus.
2 Verweisen Sie auf die Kosten-Nutzen-Vorteile Ihres Ansatzes.
3 Ergänzen Sie gegebenenfalls Ihren Ansatz um ein oder zwei Experteninterviews oder lassen Sie genau die Vorgehensweise mit einfließen, die Ihrem Auftraggeber besonders am Herzen liegt. In der Summe werden Sie dann immer noch effizienter sein als mit einer vollständigen und perfekten Anforderungsanalyse.

PRO

Kosten: Der Aufwand für Sie als Projektleiter ist gering. Eine separate Budgetierung ist nicht nötig, weil keine weiteren Experten hinzugezogen werden müssen.

Termine: Sie verschenken keine Zeit mit einer zu umfangreichen Anforderungsanalyse, gehen aber dennoch systematisch bei der Definition der Anforderungen und in der Folge der Personalauswahl vor. Sowohl in der Startphase als auch im Verlauf des Projekts ist somit mit einem zügigen Fortschritt zu rechnen.

Karriere: Im Gegensatz zu Spezialisten wird von Managern ein pragmatisches Denken verlangt. Der pragmatische Weg verspricht, wenn er richtig ausgeführt wird, die ausgewogene Balance zwischen Notwendigem und Wünschenswertem. Sie können damit beweisen, dass Sie, unter Abwägen von Kosten und Nutzen, den Mut zur 80 %-Lösung aufbringen.

 **CONTRA**

> **Qualität:** Wenn Sie zu viel Pragmatismus walten lassen, leidet die Qualität der Personalauswahl in nicht mehr akzeptablem Ausmaß.

Fazit: Wann dieser Weg Erfolg verspricht

Der pragmatische Weg bietet naheliegende Vorteile auf der Aufwands- und Kostenseite. Anstatt aufwändiger Interviews oder der Installation eines Kernteams bieten die Faustregeln, Standards und Modelle eine ausreichende Sicherheit, korrekte und zielführende Anforderungsprofile zu erstellen. Allerdings gibt es Situationen, in denen der pragmatische Ansatz als „zu kurz gesprungen" bzw. als nicht ausreichend gelten wird:

Großprojekte: Projekte mit großem Budget, vielen Mitarbeitern, langer Laufzeit erfordern ein Höchstmaß an Sorgfalt in der (Personal-)Planung. Ein pragmatischer Weg gerade bei dem zentralen Erfolgsfaktor der Personalauswahl, die auf der Basis der Anforderungsprofile erfolgt, wäre nicht akzeptabel und könnte den Projektleiter leicht seinen Job kosten.

Prozessorientierte Organisationen: Es gibt Unternehmenskulturen, in denen die Definition eines sauberen Prozesses enorme Bedeutung hat und im Zweifel sogar wichtiger ist als das Erreichen von Ergebnissen. In einer prozessorientierten Arbeitsumgebung sollten Sie als Projektleiter auf die Definition, schriftliche Festlegung und Kommunikation eines detaillierten Prozesses zur Anforderungsanalyse nicht verzichten, auch wenn Ihnen der pragmatische Weg sympathischer ist.

Mein Weg: Pragmatisch und in Etappen – so bin ich vorgegangen

Ich fühlte mich als junger Mitarbeiter von der plötzlichen Größenordnung, die das Internet-Projekt angenommen hatte, eingeschüchtert. Es war für mich klar, dass ich ganz schnell Beistand brauchte, den ich mir sicherte in Person meines direkten Vorgesetzten und einer vertrauten Kollegin, mit der ich die erste Internetidee gemeinsam entwickelt hatte. Wir setzten uns im

3er-Team zusammen, legten die Liste mit den für das Projekt verfügbaren Kollegen erst einmal zur Seite und überlegten uns zunächst, welche Skills wir brauchten und mit welchen Typen wir gerne zusammenarbeiten wollten. Für die Anforderungsprofile verwendeten wir unser Standardprofil, das wir generell im Haus für Neueinstellungen einsetzten und passten es, soweit es uns erforderlich erschien, an. Anhand des Typenmodells nahmen wir eine Abschätzung vor, welche Persönlichkeiten wir im Projekt haben wollten, um neben der Fachlichkeit auch eine gute menschliche Mischung im Projektteam zu erreichen.

Wie es ausging? Von der ersten Projektidee über den Start mit dem 3er-Kernteam bis zu dem Stand, dass wir uns über die Anforderungen an die Projektmitglieder klar geworden waren, waren knapp sechs Wochen vergangen. Die uns vorliegende Kandidatenliste war nicht mehr aktuell, zwei Berater hatten das Unternehmen verlassen, andere waren mittlerweile wieder in wichtige Kundenprojekte eingebunden und nicht mehr verfügbar. Wir hatten ein wenig an Dynamik eingebüßt, personelle Fehlentscheidungen blieben uns jedoch aufgrund der klar definierten Anforderungen erspart. Im Verlauf des Projekts verschenkten wir keine Energie durch interne Streitigkeiten oder Teamprobleme. Rückblickend betrachtet sage ich, wir hatten die richtigen Skills und Charaktere an Bord, um das Projekt zum Erfolg zu bringen. Der Aufwand für die Erstellung klarer Anforderungsprofile hatte sich gelohnt.

KLARTEXT: WELCHE KOMPETENZEN SIE IM TEAM BRAUCHEN

1 Auch wenn es noch so schnell gehen soll: Vernachlässigen Sie nie die Ableitung der Anforderungen an die Projektmitarbeiter aus den zu erledigenden Aufgaben.

2 Klare Anforderungsprofile zu erstellen, lohnt sich immer: Das ist der Grundstein für den Projekterfolg.

3 Verbinden Sie Pragmatik und Systematik: Mustervorlagen und das Typenmodell bieten einen strukturierten und zeitgleich effizienten Ansatz bei der Erstellung von Anforderungsprofilen.

4 Je größer die Dringlichkeit, desto schneller muss Ihr Projekt Fahrt aufnehmen: Verschenken Sie in solchen Fällen keine Zeit mit aufwändigen Experteninterviews.

5 Gerade für Anfänger wichtig: Suchen Sie sich Unterstützung und schaffen Sie sich Verbündete mit mehr Erfahrung – von Anfang an.

Wie Sie die richtigen Personen für Ihr Team auswählen

Nachdem wir eine klare Vorstellung davon entwickelten hatten, welche Anforderungen wir an unsere zukünftigen Projektmitarbeiter stellen wollten, standen wir vor der Herausforderung, aus der Liste der potenziell in Frage kommenden Kollegen die richtige Auswahl zu treffen. Nur wenige Personen auf der Kandidatenliste waren mir persönlich bekannt, wir wollten aber auf keinen Fall einfach nach Bekanntheitsgrad auswählen. Auf der anderen Seite kam es auch nicht in Frage, ein zu aufwändiges Auswahlverfahren anzuwenden. Was tun?

Wege zur Lösung

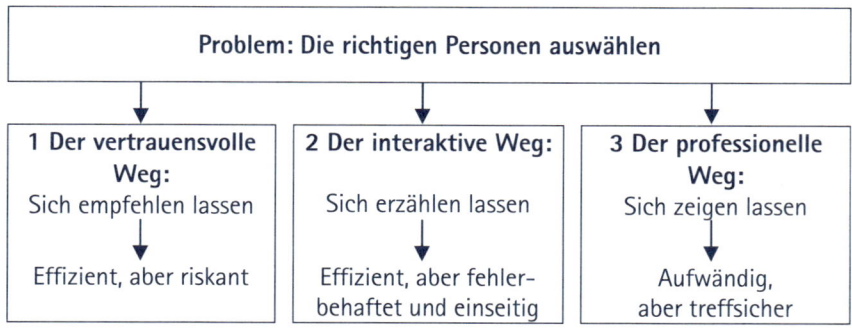

1 Der vertrauensvolle Weg: Sich empfehlen lassen

Sie werden sehen: Sobald im Unternehmen bekannt ist, dass Sie ein Projektteam neu zusammenstellen, kommen ungefragt Leute zu Ihnen, die sich selbst oder ihre Mitarbeiter anpreisen und für die Mitarbeit im Projekt empfehlen. Man kann den Empfehlungsweg aber auch systematisch gehen. Wenn Sie die außergewöhnliche Gelegenheit haben, ein Team „auf der grünen Wiese" neu zusammenzustellen, können Sie sich auf der Basis einer sauberen Anforderungsanalyse gezielt Mitarbeiter mit bestimmten Skills empfehlen lassen. Einige Grundregeln sollten Sie dabei einhalten:

- Überlegen Sie sich ganz genau, wen Sie um Empfehlungen bitten. Sie sollten der Urteilskraft des Empfehlers wirklich vertrauen können.
- Schildern Sie dem Empfehler detailliert, zu welchen Anforderungen Sie eine Person suchen. Je genauer Sie Ihr Gegenüber ins Bild setzen, desto treffsicherer wird die Empfehlung.
- Stellen Sie sicher, dass der Empfehler einen Mitarbeiter nicht aus fadenscheinigen, persönlichen Interessen heraus empfiehlt.

Neben dem gezielten Einholen von Empfehlungen über vertrauenswürdige Dritte kann man, quasi im Schneeballprinzip, Empfehlungen von bereits rekrutierten Projektmitgliedern einholen. Ich habe einmal in einem Projekt mitgewirkt, in dem die Mitarbeiter der ersten Stunde jeweils ein bis zwei ihnen vertraute Kollegen ansprachen und für das Projekt gewinnen konnten. Die neu rekrutierten Mitarbeiter brachten dann ihrerseits wieder Empfehlungen ein. Auf diese Weise wurde das Projekt eine Story von Freunden.

VORSICHT BOMBE!

Wenn Sie nur Empfehlungen von Personen einholen, die einen vergleichbaren persönlichen Hintergrund haben wie Sie, besteht die Gefahr, dass Sie nur Mitarbeiter mit sehr ähnlichem Profil rekrutieren. Die Vorteile eines homogenen Teams, in dem freundschaftlich miteinander gearbeitet wird, überwiegen in manchen Konstellationen nicht dessen Nachteile. So fehlt bei zu homogenen Teams das Querdenken, das Herausfordern von Mehrheitsmeinungen, die Andersartigkeit eines Einzelnen, um kreativ zu werden. Zudem läuft man Gefahr, zu viele ähnliche Skills an Bord zu haben und einige Aufgabenbereiche nicht professionell abdecken zu können.

So entschärfen Sie die Bombe

1 Überlegen Sie sich im Vorfeld gut, welche Persönlichkeiten Sie in Ihrem Projekt brauchen und lassen Sie sich gezielt Mitarbeiter für bestimmte Anforderungen empfehlen. Suchen Sie sich Empfehler aus unterschiedlichen Fachbereichen Ihrer Firma.

2 Beziehen Sie bewusst Empfehlungsträger mit ein, die Ihnen unähnlich und vielleicht nicht sympathisch sind, aber von denen Sie wissen, dass sie sach- und ergebnisorientiert handeln und deren Empfehlungen zu trauen ist.

 PRO

Termine: Das Schneeballprinzip der Empfehlungen kann zügig funktionieren. Da Sie keine Zeit auf zusätzliche Auswahlinstrumente verwenden, ist dieser Weg der schnellste.

Karriere: Ein gutes Netzwerk zu haben, sowohl in vertikaler wie in horizontaler Hinsicht, hat noch keiner Karriere geschadet. Durch die aktive Ansprache von Personen, mit denen Sie bislang nicht viel Kontakt hatten, erweitert sich Ihr Netzwerk im Unternehmen. Das kann sich später noch einmal auszahlen.

 CONTRA

Qualität: Sie verlassen sich bei diesem Weg auf die Meinungen Dritter. Das ist riskant, da Menschen bei der Beurteilung von Menschen bewusst oder unbewusst Fehler machen (siehe Tool „Wahrnehmungs- und Beurteilungsfehler" auf S. 51). Das kann die Trefferquote bei der Auswahl der richtigen Leute erheblich verringern.

Kosten: Auf den ersten Blick ist dieser Weg günstig, da Sie keinen größeren Aufwand für den Einsatz von Personalauswahlinstrumenten betreiben. Das Kosten-Nutzen-Verhältnis kippt jedoch sofort, wenn Sie falsche Personen mit an Bord genommen haben. Die Kosten im Verlauf eines Projekts, die durch eine falsche Personalauswahl entstehen, sind schwer zu beziffern, aber erheblich.

Fazit: Wann dieser Weg Erfolg verspricht

Die Rekrutierung eines Projektteams über Empfehlungen Dritter bietet sich immer dann an, wenn ich keinen guten Überblick über potenzielle Mitarbeiterressourcen in einem Unternehmen habe. Als externer Projektleiter bin ich sehr häufig angewiesen auf die Personalempfehlungen, die mir von meinem Auftraggeber angetragen werden. Mir persönlich macht es einfach Spaß, in einem Projekt zu arbeiten, in dem Menschen mitwirken, die ich schätzen und respektieren kann. Meine persönliche Meinung ist, dass ich im Zweifel lieber auf einen herausragenden Experten verzichte, falls ich mir damit Frust und Unzufriedenheit im Team einkaufen sollte. Daher arbeite ich gerne mit Empfehlungen von Projektmitarbeitern: Sie kennen die Anforderungen im Projekt *und* die Kompetenzen und Persönlichkeit der Kollegen, die sie für das Projekt empfehlen. Niemand holt sich willentlich Querulanten in sein eigenes Projektteam.

Es gibt Rahmenbedingungen, unter denen ich an einer Rekrutierung mittels Empfehlungen nicht vorbei komme:

- Ich habe selbst keinen Überblick über die Mitarbeiterressourcen, die überhaupt in Frage kämen für eine Projektteilnahme.

- Ich muss aus politischen Gründen wichtige Schlüsselpersonen um Rat fragen und ihre personellen Empfehlungen bei der Teamzusammenstellung berücksichtigen.

- Ich stehe bei der Rekrutierung der Mitarbeiter unter Zeitdruck und kann mir keinen aufwändigen Selektionsprozess leisten.

- Ich bin auf persönliche Fürsprache und Mund-zu-Mund-Propaganda angewiesen, um mein Projekt überhaupt besetzt zu bekommen.

2 Der interaktive Weg: Sich erzählen lassen

Der Klassiker der Personalauswahl ist das Interview. Wenn es um externe Stellenbesetzungen geht, verzichtet fast kein Unternehmen auf ein persönliches Gespräch im Bewerbungsprozess. Bei der Besetzung von Projektvakanzen wird hingegen häufig auf einen systematischen Auswahlprozess verzichtet. Ich empfehle dringend, vor der Auswahlentscheidung für ein Projekt zumindest ein persönliches Interview mit jedem potenziellen Projektmitarbeiter zu führen. Ohne zu formal werden oder zu viel Aufwand betreiben zu müssen, verbessern Interviews die Trefferquote bei der Personalauswahl, insbesondere wenn

- Sie wissen, was Sie wissen wollen, also ein klare Vorstellung über die relevanten Anforderungen der jeweiligen Vakanz haben,
- Sie die richtigen Fragen stellen (siehe Tool „Interviewfragen für Einzelgespräche" auf S. 53),
- Sie nicht nur nach Kompetenzen und Erfahrungen fragen, sondern versuchen, die Motive, Interessen und Beweggründe des potenziellen Projektmitarbeiters zu erfassen.

 PRO

Termine: Interviews müssen, wenn sie strukturiert anhand eines klaren Anforderungsprofils durchgeführt werden, nicht lange dauern. Interviews sind ein vergleichsweise zeiteffizientes Auswahlinstrument.

Kosten: Ein persönliches Interview lohnt in jedem Fall den dafür erforderlichen zeitlichen Aufwand. Außer der Arbeitszeit entstehen keine nennenswerten Kosten.

 CONTRA

Qualität: Wenn Sie das Führen eines Auswahlinterviews mit einem gemeinsamen Mittagessen verwechseln, erhöhen Sie die Treffsicherheit Ihrer Personalauswahl nicht. Ein unstrukturiertes Gespräch hat eine Vorhersagegüte von null.

Termine: Wenn Sie viele potenzielle Mitarbeiter zur Auswahl haben und jeden interviewen wollen, verlieren Sie zu viel Zeit. Gehen Sie bei umfangreichen Auswahlprozessen stufenweise vor und selektieren Sie die Liste der Kandidaten zunächst vor, beispielsweise anhand der Projekterfahrung oder der fachlichen Ausbildung. Schauen Sie sich dann nur noch die Kandidaten im Interview an, bei denen Sie keine Zweifel an der fachlichen Eignung haben.

Fazit: Wann dieser Weg Erfolg verspricht

Sie sollten sich als Projektleiter, wann immer möglich, vorbehalten, die zukünftigen Projektmitarbeiter in einem Interview persönlich kennen lernen und dann auswählen zu dürfen. Der Aufwand von persönlichen Gesprächen ist immer gerechtfertigt, vor allem, wenn Sie strukturiert vorgehen und gezielt Informationen über den potenziellen Mitarbeiter im Hinblick auf das Anforderungsprofil sammeln.

Für unsere Problemstellung, unter Zeitdruck aus einer Liste von potenziellen Mitarbeitern die richtigen zu selektieren, stellen Interviews eine zeiteffiziente und effektive Vorgehensweise dar. Wenn man sie nicht zu formal durchführt und nicht dauernd den Aspekt der harten Personalselektion betont, werden Interviews meiner Erfahrung nach auch bei internen Projektbesetzungen akzeptiert. Sie wirken systematisch und können damit gut einem möglichen Verdacht des persönlichen Nasenfaktors bei der Teamzusammenstellung entgegenwirken.

3 Der professionelle Weg: Sich zeigen lassen

Zu den Verfahren mit der höchsten Treffergenauigkeit bei der Personalauswahl zählen Auswahlinstrumente, die dem Prinzip der Arbeitsprobe folgen. Eine echte Arbeitsprobe funktioniert so: Sie lassen sich im Zuge einer Probezeit oder einer kommissarischen Aufgabenübertragung „unter Bewährung" zeigen, wie ein Projektmitarbeiter bestimmte Aufgaben erfüllt. Dabei wird der Mitarbeiter beobachtet und von Ihnen bewertet. Auf diese Weise erhalten Sie als Projektleiter einen optimalen Eindruck von dem Mitarbeiter und können sehr gut vorhersagen, ob der Mitarbeiter zukünftig diesen Aufgaben, bei deren Bearbeitung Sie ihn ja gerade beobachtet haben, gerecht werden wird.

Üblicherweise möchte ich als Projektleiter jedoch vor dem ersten gemeinsamen Arbeiten wissen, ob der Mitarbeiter geeignet für meine Projektvakanz ist oder nicht. Der professionelle Weg der Personalauswahl sieht daher Arbeitsproben im Kleinen vor. Denkbar sind kleine Rollenspiele, Fallstudien, Präsentationsübungen, Software- oder Sprachtests etc., die ich den potenziellen Mitarbeitern zur Bearbeitung vorlege. Das Prinzip der Arbeitsprobe, ist die Grundidee von Assessment-Centern.

VORSICHT BOMBE!

Wenn Sie als Projektleiter ankündigen, Ihr Team mittels Assessment-Centern auszuwählen, können Sie eine Menge ungewollter Reaktionen im Unternehmen auslösen. Der Begriff Assessment-Center ist nicht selten mit negativen Assoziationen und Ängsten verbunden (z. B. „Assassination Center"). So kann Ihr Vorschlag alleine aufgrund der emotionalen Widerstände abgelehnt werden.

So entschärfen Sie die Bombe

1 Überprüfen Sie, ob Sie wirklich von Assessment-Center sprechen möchten. Begriffe wie „Profil-Workshop", „Stärken-Schwächen-Analyse" oder „strukturierter Auswahlprozess" sind emotional deutlich neutraler besetzt.

2 Ergänzen Sie ein Interview um zwei oder drei praktische Übungen. Sie führen also ein erweitertes Interview und kein Assessment-Center durch.

3 Wenn Sie nicht auf den Begriff Assessment-Center verzichten möchten, sollten Sie Aufklärungsarbeit einplanen und internes Lobbying für Ihr Auswahlinstrument betreiben.

 PRO

Qualität: Ein Assessment von Kandidaten auf der Basis von Arbeitsproben verspricht die beste Trefferquote bei der Personalauswahl, insbesondere, wenn die zu bearbeitenden Aufgaben eine hohe Ähnlichkeit mit der später im Projekt auszuübenden Tätigkeit aufweisen.

Karriere: Das Initiieren und Durchsetzen eines professionellen Auswahlprozesses nach dem Prinzip von Assessment-Centern ist nicht ohne Widerstände zu machen. Sollte es Ihnen dennoch gelingen, einen allgemein akzeptierten und validen Prozess zu etablieren, könnte Ihre Vorgehensweise Nachahmer im Unternehmen finden.

Kosten: Das zeitliche und finanzielle Investment für diesen Weg rechnet sich immer dann, wenn erfolgskritische Positionen in Projekten mit großer Auswirkung auf den langfristigen Unternehmenserfolg zu besetzen sind.

Termine: Der professionelle Weg ist zweifelsohne der zeitaufwändigste. Sie müssen Zeit für die Konzeption der Übungen und Arbeitsproben einplanen, vorher können Sie nicht loslegen. Die Durchführung selbst beansprucht dann auch noch deutlich mehr Zeit als beispielsweise ein einfaches Interview.

Kosten: Die wenigsten Projektleiter sind gleichzeitig Experten in der Konzeption von geeigneten Aufgaben, Rollenspielen oder Fallstudien zur Personalauswahl. Wenn die Qualität nicht leiden soll, müssen für einen professionellen Weg interne oder externe Berater hinzugezogen werden, die entsprechende Kosten verursachen.

Fazit: Wann dieser Weg Erfolg verspricht

Für kleinere Projekte kommt der professionelle Weg nicht in Frage, da er zu aufwändig zu konzipieren und durchzuführen ist. Man muss immer im Blick bewahren, dass der Aufwand der Personalauswahl in einem noch angemessenen Verhältnis zur Projektrelevanz steht.

Damit ist auch klar, wann dieser Weg angezeigt ist: bei Projekten mit großem Volumen beziehungsweise langer Laufzeit und strategischer Relevanz. Gerade erfolgskritische Schlüsselpositionen bei Großprojekten sollten nicht nur auf Zuruf oder nach den oberflächlichen Eindrücken eines persönlichen Gesprächs besetzt werden, sondern auch auf der Basis von Beobachtungen aus Übungen und kleinen Arbeitsproben. Eine maximale Trefferquote bei der Personalauswahl habe ich natürlich, wenn ich die drei beschriebenen Wege kombiniere, also mir empfehlen lasse, mir erzählen lasse und mir zeigen lasse.

Mein Weg: Stufenweise und fokussiert – so bin ich vorgegangen

Wir hatten eine Liste der potenziell für unser Projekt in Frage kommenden Kollegen von der Geschäftsleitung unserer Firma erhalten, aus der wir nun gemäß den von uns definierten Anforderungen (siehe vorheriges Kapitel) die geeigneten Personen auswählen wollten. Man hätte davon ausgehen können, dass die Zusammenstellung der Liste einer inhaltlichen Empfehlung der Geschäftsführung entsprach. Wir brachten aber nach Rücksprache mit der Geschäftsleitung in Erfahrung, dass die Liste lediglich unter Verfügbarkeitsgesichtspunkten zusammengestellt worden war. Daher entschieden wir uns zunächst, die Liste von uns aus um einige interessante Namen zu erweitern. Jedes der drei Kernteammitglieder fügte der Liste Namen von Kollegen hinzu, die man selbst gerne im Projektteam dabei haben wollte.

In einem zweiten Schritt verfolgten wir dann das Ziel, möglichst valide Informationen über die Projektkandidaten zu gewinnen im Hinblick auf die von uns definierten Anforderungen. Dazu verwendeten wir drei Informationsquellen: soweit vorhanden die eigenen Einschätzungen über die Kollegen, das informelle Einholen von Einschätzungen von Vorgesetzten der Kollegen und ein persönliches Gespräch. Gespräche führten wir nur mit denjenigen Kollegen, die gemäß den bereits vorliegenden Einschätzungen nicht ausgeschlossen worden waren. Wir reduzierten durch diese Vorselektion die Anzahl der nötigen persönlichen Gespräche auf ungefähr die Hälfte der Namen auf der ursprünglichen Liste. Zudem teilten wir uns die Gespräche, so dass jeder aus dem Kernteam nicht mehr als fünf Gespräche führen musste.

Die persönlichen Gespräche führten wir kollegial und eher formlos. Wir wussten aber genau, was wir wissen wollten. Uns interessierte im Gespräch selbst ausschließlich die Motiv- und Interessenslage des potenziellen Projektkollegen. Die fachliche Eignung für unser Projekt hatten wir im Vorfeld über andere Informationsquellen abgeschätzt. Nebenbei wollten wir uns in dem Gespräch einen eigenen Eindruck davon verschaffen, ob wir uns den Typen, den Menschen als angenehmen Faktor in unserem Team vorstellen konnten.

Nach den persönlichen Gesprächen mussten wir die gewonnenen Eindrücke verdichten und mit einer Quote von zwei aus drei die Auswahlentscheidung treffen. Wir brauchten dafür eine Entscheidungshilfe, die wir in der so genannten Value-Result-Matrix (siehe gleichnamiges Tool auf S. 54) fanden. Durch die starke Verdichtung auf lediglich zwei Faktoren, nämlich die vermutete fachliche Eignung (Result) und die erwartete kulturelle Passung zu den Teamwerten (Value) fielen uns die Auswahlentscheidungen leicht. Letztendlich trafen wir im Kernteam die Entscheidungen über die Zusammenstellung des Projekts im Konsens.

KLARTEXT: WIE SIE DIE RICHTIGEN PERSONEN AUSWÄHLEN

1 Verlassen Sie sich nicht einseitig auf die Empfehlungen oder Einschätzungen Dritter, sondern verschaffen Sie sich einen eigenen Eindruck von den potenziellen Projektmitgliedern. Ein persönliches Gespräch mit jedem Kandidaten sollte zeitlich immer möglich sein.

2 Trotz aller notwendigen Struktur: Prüfen Sie für sich selbst, ob Sie persönlich mit der Person gerne in Ihrem Team zusammenarbeiten möchten.

3 Auch wenn Sie die fachlich Besten an Bord haben wollen: Behalten Sie sich als Projektleiter vor, ausgewiesene Experten abzulehnen, wenn sie menschlich nicht ins Team passen oder sie Zweifel an deren Motivation haben.

4 Gerade wenn das Projekt überschaubar ist: Schießen Sie mit der Personalauswahl nicht übers Ziel hinaus. Intensive Persönlichkeits-Assessments lohnen sich nur bei langfristigen und bedeutsamen Projekten.

Meuterer und Maulwürfe an Bord?
So gehen Sie vor

Von einer Bank war ich als externer Berater gebeten worden, ein heikles Projekt zur Stärkung der Vertriebskultur zu leiten. In der Bank gab es eine nicht untypische Konfliktlinie zwischen dem Vertrieb und den internen Abteilungen der Marktnachfolge und des Risikomanagements. Der Vorstand hatte das Projektteam bestimmt, und zwar so, dass alle Bereiche der Bank repräsentiert waren. Mir war alleine aufgrund der personellen Zusammenstellung des Teams bewusst, dass die unterschiedlichen Interessenlagen in dem Projekt aufeinanderprallen würden. Ich entwickelte den Eindruck, dass Konflikte, die eigentlich im Vorstand hätten ausgetragen werden müssen, in das Projekt verlagert wurden. Die Mehrheit der Projektmitglieder stellte der Vertrieb. Sie empfanden zwei Projektmitarbeiter, die als Vertraute des Risikovorstands galten, als „Maulwürfe", also als verdächtig, ihre Loyalität eher ihrem Linienvorgesetzten als dem Projektteam zu schenken. Tatsächlich ließen die ersten Störmanöver der beiden nicht lange auf sich warten. Wir hatten es also nicht nur mit Maulwürfen, sondern auch mit Meuterern zu tun. Wie sollte ein konstruktives Arbeiten unter diesen personellen Voraussetzungen möglich sein?

Wege zur Lösung

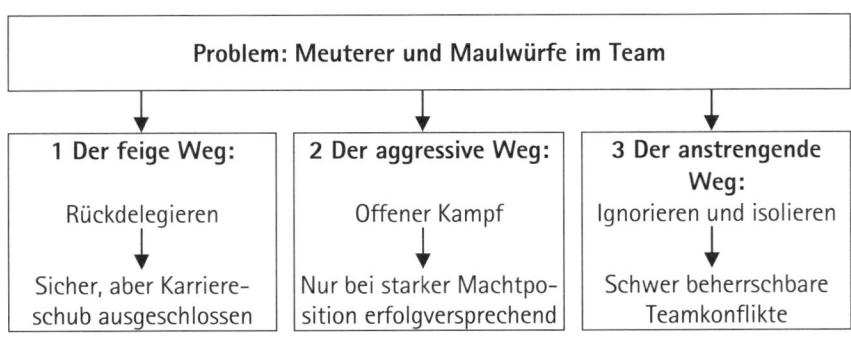

Problem: Meuterer und Maulwürfe im Team		
1 Der feige Weg:	**2 Der aggressive Weg:**	**3 Der anstrengende Weg:**
Rückdelegieren	Offener Kampf	Ignorieren und isolieren
Sicher, aber Karriereschub ausgeschlossen	Nur bei starker Machtposition erfolgversprechend	Schwer beherrschbare Teamkonflikte

1 Der feige Weg: Rückdelegieren

Die erste Herausforderung besteht darin, Maulwürfe und Meuterer sicher zu erkennen. Hierzu baue ich auf den Vorsatz, dass jedes Projektteammitglied einen Vertrauensvorschuss genießt. Maulwürfe sind für mich diejenigen Mitarbeiter, die Informationen an Dritte weitertragen, obwohl sie diskret behandelt werden sollten, da beispielsweise noch keine Entscheidungen im Projektteam getroffen worden sind. Nutzen Teammitglieder einzelne, aus dem Zusammenhang gerissene Informationen und Zitate, um gegen das Projektziel zu arbeiten, handelt es sich um Meuterer. Ich spreche erst von Maulwürfen und Meuterern, wenn diese sich durch entsprechende Aktionen geoutet haben.

Mein erster Impuls bei den ersten Schwierigkeiten in der Teamzusammenstellung war, die Projektaufgabe unfertig an den Vorstand zurückzugeben. Sollten die doch erst ihre Hausaufgaben machen, bevor wir dann in einem Projekt konkrete Handlungsempfehlungen ausarbeiten konnten! Tatsächlich sprach einiges für das Verweigern des Projektauftrags, ein bis dato nicht einmal denkbares Verhalten gegenüber dem Vorstand. Wenn Sie die Vor- und Nachteile dieses Wegs sorgfältig abwägen, werden Sie oft feststellen müssen, dass in schwierigen Aufträgen Chancen und interessante Herausforderungen enthalten sind, die Sie bei der Rückdelegation eines Projektes vergeben. In der Summe überwiegen häufig die Nachteile dieses Weges, den ich in dem beschriebenen Szenario auch als persönlich feige empfunden hätte.

PRO

Qualität: Mit einer konsequenten Ablehnung eines Projektauftrags unter bestimmten personellen Bedingungen kann ich unter Umständen eine stimmigere Teamzusammenstellung erwirken. In einem zweiten Anlauf wären dann die Voraussetzungen für ein konstruktives, qualitativ hochwertiges Arbeiten im Projektteam gegeben.

Karriere: Wenn Sie Meuterer und Maulwürfe an Bord haben, ist die Gefahr des Scheiterns Ihres Projekts erheblich. Mit einer Rückdelegation des Projekts können Sie einem möglichen Karriereknick ausweichen und sich mit etwas Geschick sogar den Ruf eines konsequenten Entscheiders verschaffen.

Termine: Durch Rückdelegation verschiebt sich der Projektstart erheblich, womöglich auf den Sankt-Nimmerleins-Tag.

Karriere: Bei den ersten personellen Schwierigkeiten gleich nach höheren Autoritäten zu rufen, stärkt nicht gerade Ihren Ruf als kompetenter Projektleiter. Als externer Berater werden Sie vermutlich so schnell nicht wieder mit anspruchsvollen Projektleitungen beauftragt werden.

Fazit: Wann dieser Weg Erfolg verspricht

Die Rückgabe eines unbearbeiteten Projektauftrags an die Geschäftsleitung wegen personeller Schwierigkeiten erregt erhebliche Aufmerksamkeit. Grundsätzlich würde ich diese Option nie ausschließen, weil sie einem persönlich eine gefühlte Unabhängigkeit verschafft. Ich würde mir aber sehr genau überlegen, ob die personellen Bedingungen im Projektteam wirklich so ausweglos sind, wie sie einem im ersten Moment erscheinen mögen. Denn: Mit der Rückgabe eines Projektauftrags entgehen einem große Chancen, und viele personelle Schwierigkeiten lassen sich lösen, wenn man sich ihnen konfliktbereit stellt.

Rahmenbedingungen, unter denen die Rückdelegation allerdings ernsthaft erwogen werden sollte:

■ Die personelle Zusammenstellung Ihres Teams läuft auf eine unüberwindbare Patt-Situation hinaus, in der niemand mehr handlungsfähig ist.

■ Die Mehrheit der Projektmitarbeiter hat aus politischen oder persönlichen Gründen kein Interesse an einem Erreichen der operativen Projektziele.

■ Sie wollen gegenüber der Geschäftsleitung ein Zeichen setzen, offene Konflikte zu bearbeiten oder ausstehende Entscheidungen zu treffen.

2 Der aggressive Weg: Offener Kampf

Wenn ich als Projektleiter Hürden erkenne, die das Projektteam am Erreichen der gesteckten Ziele hindern, muss ich darum bemüht sein, diese Hürden zu überwinden und auszuräumen. Unter dieser Annahme ist es naheliegend, als Projektleiter die offene Auseinandersetzung mit Meuterern und Maulwürfen bereits in der Phase der Teamzusammenstellung zu suchen. Das erklärte Ziel beim Beschreiten des aggressiven Wegs ist es, die Meuterer und Maulwürfe aus dem Team zu entfernen, noch bevor die Projektarbeit losgeht. Es bieten sich unterschiedliche Optionen an, wie Sie versuchen können, die Teilnahme von bestimmten Personen am Projekt zu verhindern:

- Konfrontieren: Fordern Sie die Personen direkt auf, das Projekt zu verlassen. Sie werden dann Reaktionen von deren Vorgesetzten oder Paten ernten und machen auf diese Weise das verdeckte Problem sichtbar.

- Konferieren: Sondieren Sie mit Ihrem Auftraggeber, ob eine Abberufung bestimmter Personen möglich ist. Vielleicht hat die Geschäftsleitung bei der Nominierung des Projektteams nicht alle wichtigen Aspekte bedacht?

- Eskalieren: Treiben Sie die Auseinandersetzung auf die Spitze. Es kann nur Einen geben! Verknüpfen Sie Ihr persönliches Schicksal als Projektleiter mit Bedingungen bei der Zusammenstellung Ihres Teams.

- Optionieren: Verschaffen Sie den ungeliebten Personen in Ihrem Team elegante Ausstiegsoptionen. Die unerwartet notwendig gewordene Präsenz einer bestimmten Person in einem alternativen Projekt beispielsweise kann zu einer Trennung führen, bei der alle ihr Gesicht wahren.

VORSICHT BOMBE!

Der aggressive Weg läuft im Ergebnis immer auf einen Sieg-Frieden mit klaren Gewinnern und Verlierern hinaus. Der spätere Gewinner einer offenen Auseinandersetzung wird immer derjenige sein, der die bessere Machtposition hat und bereit ist, seine Machtinstrumente mit maximaler Aggressivität einzusetzen. Häufig genug überschätzt man die eigene Machtposition und unterschätzt die Automatismen eines eskalierenden Konflikts. Man wird dann vom optimistischen Akteur zum geschlagenen Verlierer.

So entschärfen Sie die Bombe

1 Choose your battles: Kämpfen Sie nur die Schlachten, die Sie gewinnen werden.

2 Sichern Sie Ihre eigene Machtposition im Vorfeld ab, beispielsweise durch Abstimmungen mit Vorgesetzten und die Aktivierung Ihres Netzwerks.

3 Wenn sich der offene Kampf nicht vermeiden lässt: Zielen Sie nicht mehr auf den Kompromiss, sondern nur noch auf Sieg.

4 Entwickeln Sie frühzeitig einen Plan B für den Fall des Scheiterns. Das verschafft Ihnen mehr Mut und Macht.

 PRO

Qualität: Gelingt es Ihnen, Meuterer und Maulwürfe von Anfang an auszuschließen, läuft die Projektarbeit konstruktiver. Es werden deutlich weniger faule Kompromisse im Projektteam zu schließen sein.

Termine: Meuterer und Maulwürfe agieren gerne im Verborgenen, beispielsweise indem sie Entscheidungen verschleppen, Endlos-Diskussionen vom Zaun brechen oder Widerstand im Unternehmen organisieren zu Ideen, die im Projekt noch gar nicht beschlossene Sache sind. So manches Terminproblem in Projekten ist dem Wirken von Meuterern und Maulwürfen geschuldet.

Karriere: Als Sieger aus einer offenen Auseinandersetzung hervorzugehen, stärkt die eigene Position im Unternehmen. Mögliche Konkurrenten werden sich angesichts Ihres gestärkten Rufs zukünftig genau überlegen, Sie herauszufordern.

 CONTRA

Karriere: Der aggressive Weg ist mit großen persönlichen Risiken verbunden. Wenn Sie die tatsächliche Machtverteilung falsch einschätzen, können Sie als Verlierer aus der Auseinandersetzung hervorgehen.

Qualität: Gerade wenn es Ihnen gelungen sein sollte, Meuterer und Maulwürfe nach einem offenen Kampf von der Projektarbeit auszuschließen, kann es sein, dass Ihnen diese Personen von außen Knüppel zwischen die Beine werfen und die Projektarbeit behindern. So wird aus einer gewonnenen Schlacht ein Pyrrhus-Sieg; die eigentlichen Konfliktthemen in der Organisation bleiben unbearbeitet.

Fazit: Wann dieser Weg Erfolg verspricht

Den aggressiven Weg mit einer offenen Auseinandersetzung zur Vermeidung bestimmter Personen im Projektteam würde ich nur wählen, wenn ich mir sicher sein kann, den Kampf auch zu gewinnen. Im oben beschriebenen Szenario war es mir als externem Projektleiter nicht möglich, die Machtverhältnisse im Vorstand präzise genug einzuschätzen. Externe Berater kann es Kopf und Kragen kosten, wenn sie sich offen gegen explizite Nominierungsentscheidungen des Vorstands stellen.

Mit wachsender Erfahrung als Projektleiter merke ich, dass mir der aggressive Weg sympathischer wird. War ich als unerfahrener Projektleiter eher auf Ausgleich bedacht, bin ich mittlerweile immer weniger bereit, faule Kompromisse zu machen. Gerade bei der personellen Zusammenstellung von Projektteams kann sich ein Kampf für die Richtigen lohnen: Besser ein Ende mit Schrecken für einzelne Personen als ein Schrecken ohne Ende für ein ganzes Team.

3 Der anstrengende Weg: Ignorieren und isolieren

Wenn es Ihnen nicht gelingt, die Meuterer und Maulwürfe aus Ihrem Projektteam herauszuhalten, bleibt Ihnen nichts anderes übrig, als mit ihnen loszumarschieren. Sie dürfen dann nicht überrascht sein, wenn sich schon bald die ersten Störmanöver, Illoyalitäten oder Indiskretionen einstellen. Als gut informierter Projektleiter sind Sie aber darauf eingestellt und können dementsprechend rasch reagieren.

Das Ziel dieses Weges kann es nur sein, den Schaden, den die Meuterer und Maulwürfe anrichten können, zu minimieren. Dies gelingt meiner Erfahrung nach am besten durch ignorieren und isolieren:

- Sorgen Sie in Meetings dafür, dass die Meuterer mit ihrer Meinung alleine dastehen und ihnen stets direkt widersprochen wird.

- Achten Sie darauf, dass die Maulwürfe keinen Zugang zu brisanten Überlegungen erhalten, solange dafür keine beschlussfähigen Mehrheiten im Projektteam beziehungsweise im Unternehmen geschaffen sind.

- Verteilen Sie die Aufgaben so, dass die Meuterer nicht an den Kernstücken Ihres Projektauftrags arbeiten.

- Stellen Sie sicher, dass die Meuterer immer in der Unterzahl sind, sei es in einzelnen Arbeitsgruppen, in Teilprojekten oder im gesamten Projektteam.

- Ignorieren Sie Einwände und Widerstände der Meuterer so weit wie möglich. So lange Sie die Mehrheit des Projektteams hinter sich wissen, können Sie Abstimmungsprozesse beschleunigen und Entscheidungen forcieren.

 PRO

Termine: Wenn Sie einfach mit den designierten Personen loslegen, vergeuden Sie zu Beginn des Projekts keine Zeit mit langwierigen Diskussionen und internen Streitigkeiten über die geeignete Teamzusammenstellung.

Karriere: Sollte es Ihnen gelingen, trotz der Maulwürfe und Meuterer einen geräuschlosen Arbeitsprozess zu etablieren und ein gutes Ergebnis abzuliefern, empfehlen Sie sich für weiterführende Leitungsaufgaben, auch solche mit politischer Brisanz.

 CONTRA

Kosten: Es liegt im Kalkül der Meuterer, die Projektkosten in die Höhe zu treiben und damit die Projektziele als unerreichbar oder die Kosten als unkalkulierbar erscheinen zu lassen. Wenn Sie Meuterer nicht früh genug erkennen, kann der Schaden enorm werden.

Qualität: Dieser Weg heißt nicht umsonst der anstrengende Weg. Wenn Sie wissentlich mit Meuterern an Bord in See stechen, müssen Sie mit Spannungen und offenen Konflikten rechnen, die Energie und Aufmerksamkeit abziehen, die Sie im Sinne Ihres Qualitätsanspruchs dringend an anderen Stellen im Projekt benötigen.

Termine: Maulwürfe können durch gezielte Indiskretionen Widerstand organisieren, was Ihre Entscheidungen verzögern und die Terminziele gefährden kann.

Fazit: Wann dieser Weg Erfolg verspricht

Allzu oft kann sich der Projektleiter die beteiligten Mitarbeiter nicht selbst aussuchen. Politische Zwänge, Ressourcenknappheit und Mangel an Alternativen, paritätische Besetzungsentscheidungen, Voten der Geschäftsleitung etc. mögen dazu führen, dass man als Projektleiter mit den Personen vorlieb nehmen muss, die andere für einen nominiert haben. Dann bleibt einem keine Wahl, als mit denen zu starten, die da sind, wohlwissend, dass die Teamprobleme vorprogrammiert sind.

Das Dilemma für unerfahrene Projektleiter beim Umgang mit Meuterern und Maulwürfen: Sie trauen sich nicht, am Anfang des Projekts einen entschiedenen Kampf gegen potenzielle Meuterer und Maulwürfe zu führen, haben aber auch wenig Erfahrung im Managen der Konflikte, die zwangsläufig auftauchen, wenn Meuterer und Maulwürfe dann später mit an Bord sind.

Mein Weg: Mit der Mehrheit Mehrheiten schaffen

Das oben beschriebene Projekt zur Stärkung der Vertriebskultur war hoch brisant und politisch strittig und wurde im Unternehmen auf allen Ebenen mit großer Aufmerksamkeit verfolgt. Es kam für mich nicht in Frage, den Projektauftrag unbearbeitet an den Vorstand zurückzugeben: Das wäre für mich und das Projektteam ein Eingeständnis von Schwäche und ein feiges Vertagen der dringlichen Probleme im Unternehmen gewesen. Vielmehr wollten zumindest die Mehrheit der Projektmitglieder und ich als Projektleiter die Chancen des Projekts nutzen.

Somit blieb für mich nur die Frage, ob ich die persönlich bekannten Querulanten offensiv angehen und direkt aus dem Team zu entfernen versuchen oder sie besser ignorieren und isolieren sollte. Gegen den offenen Kampf sprachen zwei Gründe:

1 Ich war mir der Machtverhältnisse im Vorstand und meiner eigenen Machtposition nicht ganz sicher.

2 Wir hätten ohne die beiden Maulwürfe im Team unseren Anspruch auf Repräsentativität nicht mehr aufrecht erhalten können, was die Akzeptanz der Projektergebnisse in Frage gestellt hätte.

Nach entsprechenden Abwägungen startete das Projekt also in der vom Vorstand bestimmten Teamzusammenstellung. Mir blieb nichts anderes übrig, als die beiden Maulwürfe so gut es ging zu isolieren und zu ignorieren.

Zum Glück spielten sich die beiden gleich in der ersten Projektsitzung selbst ins Abseits. Sie vertraten Positionen, die auf sichtbares Unverständnis bei den Teamkollegen trafen und brachten Vorschläge ein, die so offensichtlich fadenscheinig und vorgeschoben waren, dass sie keine Mehrheiten fanden.

Das Prinzip, mit der positiv eingestellten Mehrheit des Projekts fortzufahren, erwies sich im Verlauf des Projekts als Erfolgsfaktor. Es entwickelte sich eine Dynamik, die von den beiden Querulanten nicht zu stoppen war. Wichtige Entscheidungen bereitete ich mit den Meinungsbildnern der konstruktiven Teamseite in persönlicher Abstimmung vor. In den Entscheidungsprozessen standen die beiden Meuterer prinzipiell auf der Gegenseite, auch bei über- zeugenden Argumenten der Kollegen. Auf diese Weise wurde ihre Blockade- haltung immer deutlicher, sie isolierten sich zunehmend selbst und fanden kein Gehör für ihre zunehmend destruktiven Beiträge.

Im Rückblick würde ich aber trotz des Projekterfolgs sagen, dass der einge- schlagene Weg nur der zweitbeste war. Heute bin ich weniger bereit, vorpro- grammierte Konflikte aufgrund einer aufoktroyierten Teamzusammenstel- lung zu akzeptieren. Wenn im Vorhinein klar ist, dass bestimmte Personen als Maulwürfe oder Meuterer in ein Projekt gesandt werden, sollte ein Pro- jektleiter mutiger für die richtigen Personen in seinem Projektteam kämpfen, als ich das getan habe. Keine Kompromisse bei der Personalauswahl – diese Regel habe ich wirklich verinnerlicht.

 KLARTEXT: MEUTERER UND MAULWÜRFE AN BORD

1 Prüfen Sie ernsthaft die Option, einen Projektauftrag abzulehnen, wenn Meute- rer und Maulwürfe an Bord sind.

2 Auch wenn es feige aussieht: Bekämpfen Sie Meuterer und Maulwürfe nur dann offen und direkt, wenn Sie die Macht auf Ihrer Seite wissen.

3 Kämpfen Sie nicht auf Unentschieden. – Wenn es zur offenen Auseinanderset- zung kommt, müssen die Meuterer am Ende von Bord.

4 Meuterer und Maulwürfe unvermeidbar mit an Bord? – Dann isolieren und ignorieren Sie sie.

5 Keine Scheu vor subtilen Methoden zur Mehrheitsbeschaffung. – Denn: Maul- würfe arbeiten auch verdeckt.

Ressourcenmangel geschickt überwinden

Eine von mir gecoachte Führungskraft erhielt als Leiterin des Facility Managements einer IT-Service-Firma den internen Projektauftrag, den Umzug des eigenen Unternehmens in einen frisch sanierten Bürokomplex zu managen. Es ging darum, die an mehreren Standorten verteilten 430 Arbeitsplätze an dem neuen Firmensitz zusammenzuführen und dabei die Arbeitsfähigkeit der Mitarbeiter aufrechtzuerhalten. Nebenbei sollten ein Raumkonzept und ein Ausstattungskonzept entwickelt und eine neue Telekommunikationsanlage eingeführt werden. Es gab ein allgemeines Umzugsbudget, das aber kaum mehr als die Umzugskosten im engeren Sinne abdeckte. Das Umzugsprojekt selbst sollte von der Leiterin des Facility Managements zusammen mit einem ihrer Mitarbeiter parallel zum normalen Tagesgeschäft erledigt werden. Mit diesem zusätzlichen Paket auf den Schultern kam die frisch ernannte Projektleiterin zu mir. Was sollte sie tun?

Wege zur Lösung

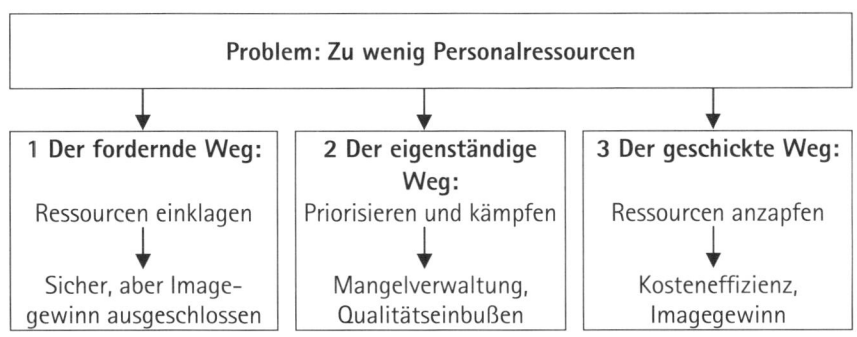

1 Der fordernde Weg: Ressourcen einklagen

Hier ist das Missverhältnis zwischen geforderten Leistungen und bereitgestellten Ressourcen sofort erkennbar. Sollen bei den Leistungen keine Abstriche vorgenommen werden, bleibt auf den ersten Blick nur das Einfordern zusätzlicher Personalressourcen. Dabei sollten Sie Folgendes sicherstellen:

- Ermitteln und veranschaulichen Sie den Ressourcenmangel, beispielsweise durch grafische Gegenüberstellungen der in erforderliche Manntage umgerechneten Leistungserwartungen und den tatsächlich vorhandenen Personalressourcen.

- Seien Sie präzise in der Kapazitätsberechnung und vermeiden Sie offensichtlich überzogene Forderungen!

- Argumentieren Sie nutzenorientiert aus der Perspektive Ihrer Auftraggeber! Stellen Sie die Vorteile eines besser besetzten Projekts dar, beispielsweise im Hinblick auf Termintreue und Qualität.

- Zeigen Sie auf, was im Falle eines weiterhin mangelhaft besetzten Projektteams zu erwarten ist, d. h. welche inhaltlichen Abstriche oder terminlichen Verzögerungen auf den Auftraggeber zukommen würden.

 VORSICHT BOMBE!

Wenn Sie als frisch ernannter Projektleiter als erste sichtbare Amtshandlung mehr Ressourcen einfordern, mögen bei Ihren Auftraggebern Zweifel an Ihren Managementkompetenzen aufkommen. Man hat Sie ja gerade ernannt, um aus wenigen Ressourcen viel zu machen. Das Einfordern von zusätzlichen Ressourcen darf nicht das Vertrauen Ihrer Auftraggeber in Sie erschüttern, sonst glaubt man Ihnen nicht mehr, wenn Sie im weiteren Verlauf des Projekts erneut Hilfe einfordern müssen.

So entschärfen Sie die Bombe

1 Betonen Sie durchweg Ihre eigene Einsatzbereitschaft.
2 Lamentieren Sie nicht, sondern äußern Sie sich tatkräftig und entschlossen.
3 Machen Sie deutlich, dass Sie natürlich auch mit den bewilligten Personalressourcen loslegen würden, wenn es sich nicht anders darstellen lässt. Lassen Sie Fakten sprechen.
4 Zeigen Sie auf, dass Sie bereits andere Möglichkeiten geprüft haben, und die Anfrage nach weiterem Personal die letzte Option für Sie darstellt.

Qualität: Sollte Ihr Projektteam durch das Einfordern zusätzlicher Ressourcen aufgestockt werden, können Sie die Qualität der Projektergebnisse in gewünschtem Maße sicherstellen.

Termine: Mehr Leute heißt zwar nicht automatisch schnellere Lieferung, aber wenn Sie das zusätzliche Personal intelligent einsetzen, werden Sie Ihre Termine besser halten können.

Karriere: Das Einfordern von zusätzlichen Personalressourcen gleich zu Beginn des Projekts ist ein sicherer Weg. Sollte das Projekt am Ende nicht das gewünschte Resultat bringen, kann man Ihnen nicht vorwerfen, nicht früh genug gewarnt zu haben.

Karriere: Wie oben dargestellt kann das Einfordern zusätzlicher Ressourcen den eigenen Ruf erheblich gefährden. Im ungünstigsten Fall wird man Ihnen nachsagen, dass ein späterer Projekterfolg lediglich der aufwändigen personellen Ausstattung des Projekts geschuldet war.

Kosten: Mehr Personal bedeutet höhere Projektkosten. Diese müssen durch eine nachhaltige Kosten-Nutzen-Abwägung gerechtfertigt sein.

Fazit: Wann dieser Weg Erfolg verspricht

Das Einfordern zusätzlicher Personalressourcen gleich zu Beginn der Projektarbeit ist zwar eine naheliegende Reaktion auf entsprechende Missstände, stellt für mich aber nur die letzte Option dar. Insbesondere bei angespannter Finanzsituation eines Unternehmens kann man sich die ablehnenden Reaktionen des Vorstands auf ein entsprechendes Ansinnen lebhaft vorstellen. Abgesehen davon bietet ein mangelhaft ausgestatteter Projektauftrag eine große Chance: Sie können unter Beweis stellen, dass Sie als Projektleiter auch mit wenig Ressourcen die gewünschten Ergebnisse liefern. Wie in der Folge zu zeigen sein wird, gibt es zudem geschicktere Möglichkeiten, sich die für den Projekterfolg nötigen Ressourcen zu sichern.

2 Der eigenständige Weg: Priorisieren und kämpfen

Die Konsequenz ist naheliegend: Wird die gleiche Arbeit auf weniger Köpfe verteilt, dauert halt alles länger. Da Terminverschiebungen in der Projektwelt zu den größten Vergehen überhaupt zählen und tunlichst vermieden werden sollten, bleibt nur ein konsequentes Entschlacken des ursprünglichen Projektauftrags.

Wie das gehen kann? Nur mit einem eiskalten Blick auf den gewünschten Leistungsumfang: Was ist wirklich die zentrale Projektaufgabe? Was sind Nebenaspekte, ohne die das Gesamte nicht funktioniert? Was sind Nice-to-Haves, auf die wir im Zweifel auch verzichten oder bei denen wir zumindest eine zeitliche Verschiebung in Kauf nehmen können? Eine hilfreiche Unterstützung zur Prioritätensetzung bietet das Eisenhower-Prinzip, nach dem anstehende Aufgaben anhand der beiden Dimensionen Dringlichkeit und Wichtigkeit unterschieden werden (siehe auch Tool „Eisenhower-Prinzip" auf S. 56).

Neben einem konsequenten Priorisieren bedeutet dieser Weg auch stets einen erhöhten Arbeitsaufwand beim Projektleiter selbst. Sie werden Ihre eigene Person mit maximalem Einsatz einbringen müssen, um zumindest den Mindestumfang der gewünschten Ergebnisse liefern zu können.

 PRO

Termine: Mit maximalem persönlichen Einsatz und einer für Ihre Auftraggeber nachvollziehbaren Priorisierung mag es Ihnen gelingen, gesetzte Fristen einzuhalten.

Kosten: Sie nutzen nur die knapp bemessenen Ressourcen der ursprünglichen Projektausstattung und schonen damit die Budgets. Die konsequente Entschlackung eines umfangreichen Aufgabenpaktes reduziert den Aufwand wirkungsvoll.

 CONTRA

Qualität: Dieser Weg mündet zwangsläufig in eine geringe Ergebnisqualität, weil Sie Teilaufgaben ausblenden müssen und zudem immer am persönlichen Limit arbeiten, was schnell zu Fehlern und übersehenen Aspekten führt.

> **Karriere:** Es ist ein Irrglaube zu meinen, nur weil ich mich selbst für das Projekt aufopfere, erhalte ich Dank, Anerkennung und Beförderung. Als Projektleiter geht es darum, ein Projekt zu managen, nicht es selbst zu machen.

1

Fazit: Wann dieser Weg Erfolg verspricht

Der entscheidende Erfolgsfaktor für diesen Weg ist die Beschaffenheit des Projektauftrags selbst. Sollten Sie einen eindimensionalen, schlanken und kompakten Projektauftrag erhalten haben, bleiben Ihnen realistischerweise keine Ansätze zum Priorisieren oder Entschlacken. In diesen Fällen sollten Sie in keinem Fall mit den zu knappen Personalressourcen loskämpfen.

Andererseits: So mancher Projektauftrag ist vom Auftraggeber so global gestellt, dass eine „Spezifizierung" des Auftrags möglich und nötig ist. Diese „Spezifizierung" kann man meiner Erfahrung nach gut nutzen, um die anfängliche Komplexität und Vielschichtigkeit eines Projekts zu reduzieren und in diesem Zuge den späteren Arbeitsumfang zu verschlanken. In solchen Projekten kann man es wagen, mit zu geringen Personalressourcen zu starten, ohne Gefahr zu laufen, sich als Projektleiter persönlich zu übernehmen.

3 Der geschickte Weg: Ressourcen anzapfen

Die Nachteile der vorgenannten Wegoptionen liegen auf der Hand: Entweder mache ich mich gleich zu Beginn des Projekts angreifbar mit der Forderung nach zusätzlichem Personal oder ich opfere mich selbst auf und nehme Qualitätseinbußen in Kauf, wenn ich einfach drauflos kämpfe. Deutlich geschickter ist es, sich auf leisem Wege zusätzliche Ressourcen für sein Projekt zu verschaffen. Wie? Sie versuchen, Ressourcen anzuzapfen, ohne dass diese formal Ihrer Projektkostenstelle zugeordnet werden, zumindest nicht Ihr Personalkostenbudget belasten.

Der Trick: Die personelle Ausstattung eines Projekts im Sinne von Mitarbeiterkapazitäten (MAK) oder Personalkosten (Personalbudget) ist ein viel beachtetes Projektkriterium, das im Zweifel nur mit vielen Diskussionen zu verändern ist. Anstatt formal mehr Personal zu fordern, saugt man als Projektleiter aus benachbarten und befreundeten Bereichen Ressourcen ab, ohne dabei allzu viel Aufmerksamkeit zu erregen.

Mögliche Quellen für zusätzliche Ressourcen:

- Eigene Mitarbeiter, die isolierte Arbeitspakete für Sie ausarbeiten, ohne offizieller Teil des Projektteams zu sein

- Externe Berater, die „nur" das Sach- und nicht das Personalkostenbudget belasten und gezielt für einzelne Workshops oder Konzepte eingekauft werden können

- Potenzielle Lieferanten, die zum „Beauty-Contest" geladen werden und dabei kostenfrei ihre Konzeptvorschläge unterbreiten

- Von dem Projekt betroffene Abteilungen, die zu gemeinsamen Arbeitssitzungen und Brainstorming-Sessions eingeladen werden

- Praktikanten, Werksstudenten und Trainees, die zu Ausbildungszwecken in Ihrem Projekt mitarbeiten dürfen

 VORSICHT BOMBE!

Es gibt in jedem Projekt Arbeiten, die nicht von punktuell hinzugezogenem Personal geleistet werden können, und Entscheidungen, die von Ihnen als Projektleitung und nicht von Beratern, Lieferanten oder externen Geschäftspartnern getroffen werden sollten. Ist Ihr eigenes Projekt personell so schwach besetzt, dass Sie sich keine eigenen Meinungen zu zentralen Projektaspekten bilden können, laufen Sie Gefahr, ferngesteuert zu werden.

So entschärfen Sie die Bombe

Um bei diesem Weg des Anzapfens und Ansaugens von Ressourcen selbst Akteur und Richtungsgeber zu bleiben, sollten Sie
1 die Gesamtplanung nicht aus der Hand geben,
2 immer einen Schritt weitergedacht haben als die Personen, die Sie zu einzelnen Fragestellungen hinzuziehen,
3 nach jedem Workshop überprüfen, wie die Ergebnisse in Ihren Projektplan passen und in wiefern sie Sie Ihrem Ziel näher gebracht haben,
4 Hoheitsgebiete definieren, die in jedem Fall von Ihnen oder Ihrem festen Projektteam bearbeitet beziehungsweise entschieden werden.

Karriere: Sie beweisen Ihre Qualitäten als Manager und machen deutlich, dass Sie auch unter knapper Ressourcenausstattung gute Ergebnisse liefern können.

Kosten: Sie halten Ihr Personalkostenbudget ein.

Termine und Qualität: Wenn Sie Ihre eigene Aufmerksamkeit konsequent auf das Planen und Beschaffen von zusätzlichen Ressourcen legen, kann es Ihnen gelingen, die Termine einzuhalten, ohne Abstriche beim Leistungsumfang vornehmen zu müssen. Verfallen Sie aber nicht dem Fehler, Ihr eigener Sachbearbeiter zu werden, denn dieser Weg verlangt von Ihnen volle Aufmerksamkeit auf Ihre Rolle als Ressourcenbedarfsplaner und -beschaffer.

CONTRA

Qualität: Es ist nicht zu erwarten, dass punktuell hinzugezogenes Personal die gleiche inhaltliche Tiefe, Einsatzbereitschaft und Fähigkeit zur Vernetzung von Einzelaspekten mitbringt wie feste Projektmitarbeiter.

Fazit: Wann dieser Weg Erfolg verspricht

Für mich ist dieser Weg der Königsweg, wenn ich einen Projektauftrag angenommen habe, für den nicht ausreichend Personalressourcen zur Verfügung stehen. Mit ein wenig Kreativität und Querdenken erkennt man in der Regel zahlreiche Optionen, wie zusätzliche Ressourcen auf eine geräuschlose und geschickte Weise für das Projekt gewonnen werden können. Die meisten Organisationen sind heute ein Arbeiten in wechselnden Teams gewohnt, so dass ein punktuelles Hinzuziehen von Einzelressourcen meiner Erfahrung nach keine Widerstände verursacht.

Im Zweifel wirkt auch eine offen und direkt vorgetragene Bitte Wunder. Wenn wir um Hilfe gebeten werden, können wir Menschen uns nur schwer verweigern. Viele trauen sich aber nicht, Kollegen um Hilfe zu bitten, weil sie fürchten, als schwächlich dazustehen oder im Gegenzug ein Hilfegesuch nicht ablehnen zu können.

Mein Weg: Unwiderstehliches Ansaugen

Die Leiterin des Facility Managements, die mit der Leitung des Umzugsprojekts betraut war, entschied sich für den geschickten Weg der subtilen Ressourcenbeschaffung. Wir stellten uns vor, dass sie mit ihrem Projekt einem schwarzen Loch gleich angrenzende Ressourcen ansaugt und zwar in der Art, dass sich die angezapften Personen einer Mitarbeit im Projekt kaum verwehren konnten, weil sie von der Projektarbeit persönlich betroffen waren beziehungsweise sich davon einen persönlichen Vorteil versprachen. Als kreatives Hilfsmittel zum Erkennen von potenziellen Zusatzressourcen verwendeten wir das Gummiband-Prinzip (siehe gleichnamiges Tool auf S. 57).

Im Coaching verfolgte ich ihr Vorgehen anschließend regelmäßig, aber eher aus der Distanz: Unter dem festen Agendapunkt „Unwiderstehliches Ansaugen" berichtete sie jeweils über ihre neuesten Erfolge zur Beschaffung von zusätzlichen Personalressourcen:

- In der Planungsphase durfte die Projektleiterin einen gerade unterbeschäftigten internen Consultant mit hinzuziehen.

- Die Umzugsplanung im engeren Sinn ließ die Projektleiterin von dem Umzugsunternehmen vorbereiten, das später mit dem Umzug betraut war.

- Die Projektleiterin ließ den Umzug auf die Agenda eines regulären Führungskräftemeetings setzen. Dort holte sie zusätzliche Einschätzungen ein und nahm ergänzende Wünsche auf. Einzelne Führungskräfte standen später für Einzelgespräche zur Verfügung und sicherten ihre Kooperationsbereitschaft zu.

- Den ihr im Projekt zugeordneten eigenen Mitarbeiter stellte sie durch abteilungsinterne Umstellungen fast für die gesamte Projektarbeit vom Tagesgeschäft frei.

- Sie band den neuen Vermieter aktiv in die Ausstattungsplanung mit ein. Sie forderte von ihm immer wieder Entgegenkommen ein und erwartete von ihm die Abarbeitung von ausgewählten Arbeitspaketen.

- Für die neue Telekommunikationsanlage ließ sie diverse potenzielle Lieferanten kommen. Durch diese Gespräche vertiefte sie ihr eigenes Wissen. Das schriftliche Konzept ließ sie von dem ausgewählten Zulieferer vorbereiten.

Wie es ausging? Tatsächlich gelang es der Projektleiterin, den Umzug fristgerecht und mitsamt den Nebenaufgaben zu bewerkstelligen. Die Mitarbeiter fanden einen vollständig und modern ausgestatteten Arbeitsplatz vor mit einem schlüssigen Raumkonzept im Hintergrund. Der Umzug selbst dauerte nur ein verlängertes Wochenende. Die Leiterin des Projekts hat schon längst neue Projektaufträge übertragen bekommen. Die Erfahrung, trotz wenig Personal durch aufmerksames Planen und geschicktes Beschaffen von Ressourcen anspruchsvolle Ziele erreichen zu können, hilft ihr auch in den neuen Projekten.

KLARTEXT: RESSOURCENMANGEL GESCHICKT ÜBERWINDEN

1 Kämpfen Sie nicht blindlings drauflos. Verwenden Sie Ihre Energie lieber auf das geschickte Beschaffen von zusätzlichen Ressourcen.

2 Auch wenn Sie sich stark fühlen: Überschätzen Sie nicht Ihre eigene Leistungsfähigkeit. Grundlegende Defizite in der Personalausstattung können Sie nicht alleine kompensieren.

3 Wer fragt, dem kann geholfen werden: Haben Sie keine Scheu davor, auch mal um Hilfe zu bitten.

4 Machen Sie die Augen auf. Zusätzliche Ressourcen, die nur darauf warten, von Ihnen angezapft zu werden, finden sich auch in Ihrer Umgebung.

Diese Tools brauchen Sie

 NÜTZLICHE TOOLS

Tool	Beschreibung, Stärken/Schwächen	Aufwand Nutzen
Ressourcenplan	**Plan zur Darstellung des Bedarfs, meist von Personal.**	●●●●● ★★★★★
Interviewfragen zur Anforderungsanalyse	Fragenkatalog, um eine Anforderungsanalyse mit Experteninterviews zu erstellen.	●●●● ★★★
Grundstruktur von Anforderungen	Kategorisierungsschema der benötigten Skills. Deckt alle wesentlichen Anforderungen ab, daher nicht zu viele Zusatzspezifikationen definieren.	● ★★★★★
Standardkompetenz-profil für Projektmit-arbeiter	Schafft Transparenz über benötigte Skills.	●● ★★★★★
Psychologisches Typenmodell	Modell für eine psychologische Anforderungs-analyse. Pragmatische Hilfe, aber Vorsicht mit zu starker Vereinfachung der Realität.	●●● ★★★★
Wahrnehmungs- und Beurteilungsfehler	Katalog, um mögliche Fehlbeurteilungen zu erkennen. Schützt nicht vor Wahrnehmungs-fehlern, macht diese allerdings bewusst.	●● ★★
Interviewfragen für Einzelgespräche	Fragenkatalog, mit dem man Projektmitarbei-ter über Interviews auswählen kann. Nur wirklich strukturierte Interviews erhöhen die Treffsicherheit.	●●● ★★★★★
Value-Result-Matrix	Matrix zur Informationsverdichtung bei Aus-wahlentscheidungen.	● ★★★★

Tool	Beschreibung, Stärken/Schwächen	Nutzen
Eisenhower-Prinzip	Aufgaben anhand der Dimensionen Dringlichkeit und Wichtigkeit unterscheiden. Hilft, die Prioritäten richtig zu setzen, gerade wenn die Ressourcen knapp bemessen sind.	•• ✶✶✶✶
Gummiband-Prinzip	Modell, um Zusatzressourcen sichtbar zu machen. Gut, um kreativ Zugänge zu suchen, um möglichst optimales Ergebnis zu erreichen	•• ✶✶✶✶

Die mit dem Icon ⊙ gekennzeichneten Tools können Sie im Internet unter www.projektmagazin.de/klartext abrufen.

Die wichtigsten Tools – so funktionieren sie

Ressourcenplan

Der Ressourcenplan stellt den Bedarf an Ressourcen (meist Personal) dar: Welche Fachdisziplin benötige ich in meinem Projekt in welcher Menge zu welchen Zeitpunkten? Diese Fragen werden auf der Basis des Terminplans in Form von Ressourcenbedarfskurven beantwortet: Pro Aktivität oder auch pro Arbeitspaket wird der Ressourcenbedarf abgeschätzt und entsprechend dem Zeitfenster aufgetragen.

Interviewfragen zur Anforderungsanalyse ⊙

Lohnt sich für Ihr Projekt der Mehraufwand einer intensiven Anforderungsanalyse? Weil Ihr Projekt langfristig angelegt ist, viele unterschiedliche Positionen zu besetzen sind oder weil Sie die systematisch ermittelten Anforderungen später für eine Mitarbeiterbeurteilung im Projekt nutzen wollen? Dann sollten Sie Experten (z. B. erfahrene Projektleiter) interviewen, die sich mit den Anforderungen an Ihre Teammitglieder auskennen. Entwickeln Sie jedoch im ersten Schritt einen klar gegliederten Projektplan und eindeutig formulierte Ziele für Ihr Projekt. Aus den Zielen des jeweiligen Projektschritts lassen sich dann direkt die zu erledigenden Aufgaben ableiten.

Für die zu besetzenden Positionen können anschließend Interviews mit Experten anhand der „Fragen zur Anforderungsanalyse" durchgeführt werden. Achten Sie auf eine gute Mischung bei der Auswahl Ihrer Experten und beschränken Sie sich bei der Anzahl der Interviews. Sonst verlieren Sie sich schnell im Detail und Ihre Anforderungsbeschreibung wird zu umfangreich.

Fragen

- Was muss ein perfekter Stelleninhaber
  a. wissen,
  b. können,
  c. wollen,
  um die zugeordnete Aufgabe erfüllen und die damit verbundenen Ziele erreichen zu können?

- Was sind für Sie die drei wichtigsten Eigenschaften eines Projektmitarbeiters für die zugeordnete Aufgabe?

- Was sind Verhaltensweisen / Eigenschaften von Projektmitarbeitern, die immer wieder zu erfolgreicher Bewältigung dieser Aufgabe führen?

- Was sind Verhaltensweisen / Eigenschaften von Projektmitarbeitern, die immer wieder zu Problemen bei der Bewältigung dieser Aufgabe führen?

- Denken Sie an einen sehr erfolgreichen Projektmitarbeiter mit der gleichen bzw. einer ähnlichen Aufgabenstellung.
  a. Welche der Eigenschaften dieses Mitarbeiters trugen hauptsächlich dazu bei, dass er die Aufgabenstellung so erfolgreich bewältigt hat?
  b. Was könnte dieser Mitarbeiter noch besser machen? Welche Eigenschaften fehlen ihm noch für den perfekten Projektmitarbeiter?

Nach der Durchführung der Interviews sollte Ihnen ein facetten- und umfangreiches Bild über wichtige Anforderungen für Ihre Projektaufgaben vorliegen. Dieses gilt es nun auf die drei bis sechs entscheidenden Kompetenzen zu verdichten. Dabei können insbesondere die Häufigkeit der Nennung einer Kompetenz sowie die Gewichtung der Experten hilfreich sein. Sollten Sie Ihr Anforderungsprofil nicht vollständig „bottom-up" entwickeln wollen, so kann eine Grundstruktur für Anforderungen (siehe folgendes Tool) als Gerüst für die Zuordnung und Verdichtung der Interviewergebnisse dienen.

Grundstruktur von Anforderungen ⊙

Wenn Ihnen keine Zeit für eine umfangreiche Anforderungsanalyse mit Experteninterviews etc. zur Verfügung steht, so können Sie die folgende Struktur für die Kategorisierung der wesentlichen Anforderungen an einen Projektmitarbeiter verwenden:

- Arbeitssystematik: Wie schafft es der potenzielle Mitarbeiter, möglichst viel in möglichst wenig Zeit zu schaffen mit optimaler Qualität? Um effizient zu arbeiten, werden ein eigenständiger Arbeitsstil unter Einsatz von zielführenden Methoden des Selbst- und Zeitmanagements und ein sicherer Einsatz von EDV-Hilfsmitteln erwartet.

- Kooperation nach innen: Wie arbeitet jemand im engeren Arbeitsteam zusammen? Welche Rolle spielt die Person üblicherweise in Teams? Ist die Person kontaktstark, sympathisch und aufgeschlossen?

- Kooperation nach außen: Dort wo erforderlich: Wie kommuniziert jemand mit Schnittstellenpartnern, externen Kontraktoren und Geschäftspartnern? Ist jemand gut im Unternehmen vernetzt, kann er sich Informationen und Zulieferungen aus anderen Abteilungen sichern?

- Qualitätsanspruch und Arbeitseinsatz: Will jemand wirklich etwas erreichen? Wie sieht es mit dem Commitment, der Loyalität und der Einsatzbereitschaft aus? Ehrgeiz und eigener Antrieb können manch anderes Defizit kompensieren, umgekehrt gilt das nicht.

- Führung: Wenn im Rahmen von Teilprojektverantwortungen Führungskräfte gesucht werden: Würde ich als Mitarbeiter der Person folgen? Wie gelingt es jemandem, andere zu steuern und mitzureißen, Konflikte zu managen und gegebenenfalls unpopuläre Notwendigkeiten im Projekt durchzusetzen?

Zur Spezifikation der fünf Anforderungskategorien können Sie ohne größeren Aufwand einige Subkriterien für Ihre spezifischen Projektaufgaben definieren.

Mit der vorliegenden Grundstruktur deckt man erfahrungsgemäß 80 % der Anforderungen an einen Projektmitarbeiter ab. Die übrigen 20 %, die Sie ggf. zusätzlich definieren müssen, sind die benötigten fachlichen Fertigkeiten, bestimmte Skills oder besonderes Know-how, z. B. technisches Wissen, Programmierkenntnisse oder Ähnliches.

Faustregeln → Kompetenz feststellen

Standardkompetenzprofil für Projektmitarbeiter ⦿

Ein Beispielprofil mit ausformulierten Subkriterien, das die im vorangegangen Tool beschriebene Grundstruktur verwendet, findet sich online unter www.projektmagazin.de/klartext. Für die Anforderungsbereiche sind dabei jeweils vier bis sieben zentrale Subkriterien definiert. Hier ein Beispiel für den Anforderungsbereich Arbeitssystematik:

Kompetenz: Geht bei der Aufgabenbewältigung organisiert und systematisch vor:

- Organisiert den eigenen Arbeitsplatz effizient und setzt richtige Prioritäten, so dass vorgegebene Termine eingehalten werden.
- Arbeitet sicher und effektiv mit den notwendigen EDV-Hilfsinstrumenten (MS Office, Internet etc.).
- Verfügt über Grundlagenkenntnisse zur Vorgehensweise in Projekten und kann diese erfolgreich anwenden.
- Erkennt für den eigenen Verantwortungsbereich im Projekt frühzeitig Engpässe und leitet nach Absprache Maßnahmen zur Problembewältigung ein.
- Arbeitet die eigenen Arbeitsergebnisse prägnant, verständlich und zielgerichtet auf die konkrete Fragestellung hin auf.
- Kann in Projektsitzungen die eigenen Arbeitsergebnisse angemessen darstellen und präsentieren.

Psychologisches Typenmodell ⦿   *Typen → Bedarf*

Auf der Basis von zwei in der Persönlichkeitspsychologie bewährten Unterscheidungsdimensionen wird eine Vier-Felder-Matrix aufgespannt, um die Menschheit in vier Typologien zu kategorisieren. Das Modell stellt eine fast nicht mehr zulässige Vereinfachung der komplexen Wirklichkeit dar. Für den vorliegenden Zweck verspricht das Typenmodell allerdings eine pragmatische Hilfe, gerade auch, wenn Sie in der Anforderungsanalyse neben der Fachlichkeit den menschlichen Faktor berücksichtigen wollen.

Die beiden Unterscheidungsdimensionen sind zum einen Introversion vs. Extroversion und zum anderen Aufgabenorientierung (Ratio) vs. Beziehungsorientierung (Emotio). Daraus ergibt sich das folgende Modell:

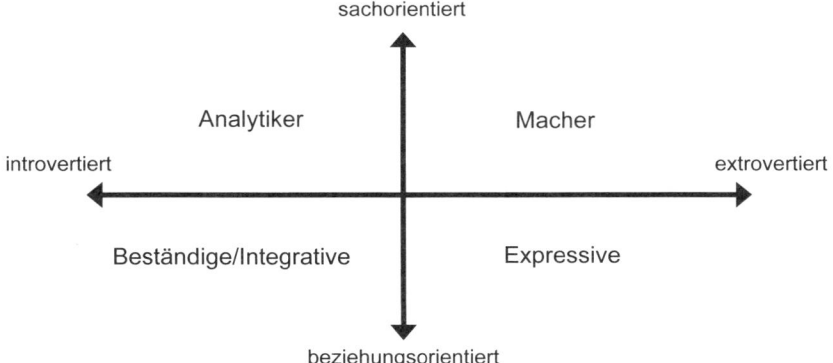

Abbildung: Psychologisches Typenmodell

Eine umfassendere Darstellung des Ansatzes, der vier Typen und Hinweise zur Anwendung finden Sie unter www.projektmagazin.de/klartext.

Wahrnehmungs- und Beurteilungsfehler

Sich systematisch Mitarbeiter mit bestimmten Skills von Kollegen oder Vorgesetzten empfehlen zu lassen, ist eine mögliche Vorgehensweise für die Auswahl Ihrer Projektmitarbeiter. Bei diesem Vorgehen tragen Sie das Risiko falscher Auswahlentscheidungen, weil Sie sich auf das Urteil Dritter verlassen müssen. Das menschliche Beurteilungsvermögen ist leider recht fehleranfällig. Klassische Wahrnehmungs- und Beurteilungsfehler zu kennen, kann Ihnen helfen, die Einschätzung und Empfehlung eines Kollegen zu „objektivieren". Folgende Fehler in der Wahrnehmung und Beurteilung von Menschen sollten Sie sich für Ihre Empfehlungsgespräche bewusst machen:

- Sympathieeffekt: Bewertungen anderer Menschen werden häufig dadurch beeinflusst und verzerrt, wie sympathisch uns jemand ist. Einem als sympathisch erlebten Menschen werden generell eher weitere positive Eigenschaften zugeschrieben und seine Schwächen leichter übersehen. Desgleichen werden als unsympathisch empfundenen Menschen eher negative Eigenschaften zugeschrieben.

- Primäreffekt/Erster Eindruck: Der Primäreffekt bezeichnet den Eindruck, den man von einer Person gewinnt, wenn man sie zum ersten Mal sieht.

Dieser erste Eindruck kann so stark sein, dass andere Eigenschaften einer Person auch zu einem späteren Zeitpunkt übersehen werden.

- Halo-Effekt (auch Hof-Effekt): Einzelne Eigenschaften einer Person können einen Gesamteindruck erzeugen, der die Wahrnehmung weiterer Eigenschaften der beurteilten Person „überstrahlt". Eine einzelne Eigenschaft (z. B. gutes Aussehen vs. Ungepflegtheit) führt also dazu, dass bei der Beurteilung eine Generalisierung auf völlig andere Eigenschaften (Intelligenz, Fleiß, Verlässlichkeit etc.) vorgenommen wird. Der Einfluss des Halo-Effektes ist besonders stark, wenn der Beurteiler speziell auf eine Verhaltensweise oder ein Merkmal Wert legt und dieses entsprechend überbewertet.

- Näheeffekt: Je intensiver der Kontakt und die Zusammenarbeit zwischen Beurteiltem und Beurteiler ist, umso besser fällt die Bewertung aus.

- Ähnlichkeitseffekt: Personen die Merkmale und Eigenschaften (z. B. Werte, Vorgehensweisen etc.) aufweisen, die man auch sich selbst zuschreibt, erhalten unbewusst einen Sympathiebonus und werden in der Folge allgemein besser bewertet.

- Selektive Wahrnehmung: Das Phänomen der selektiven Wahrnehmung spielt bei allen bisher genannten Wahrnehmungs- und Beurteilungsfehlern eine große Rolle und führt dazu, dass anfängliche Beurteilungen aufrechterhalten werden: Nachdem wir uns ein Urteil über einen Menschen gebildet haben, werden spätere Informationen über diese Person durch einen Wahrnehmungsfilter „gesiebt". Die Aspekte, die in das ursprüngliche Bild passen, werden wahrgenommen und verstärken unseren bisherigen Eindruck – widersprüchliche Informationen werden hingegen eher ausgeblendet.

- Fundamentaler Attributionsfehler: Beschreibt die Tendenz, den Einfluss dispositionaler Faktoren, wie Persönlichkeitseigenschaften, Einstellungen und Meinungen, auf das Verhalten der bewerteten Person zu überschätzen und äußere Faktoren, wie situative Einflüsse, zu unterschätzen. Hat eine Person beispielsweise erfolgreich in einem Projekt mitgearbeitet, so gehen Beurteiler häufig davon aus, dass die Person auch über dementsprechende Kompetenzen verfügt. Dabei ist die Mitarbeit in einem erfolgreichen Projekt natürlich noch lange nicht mit Projektkompetenz gleichzusetzen. Es gibt eine Vielzahl situativer Faktoren (z. B. leichte

Aufgaben, Unterstützung durch andere), die zu diesem Ergebnis geführt haben können.

Projektspezifische Wahrnehmungs- und Beurteilungsfehler

- Nicht geteiltes Verständnis der Anforderungen: Sprechen Ihr Empfehler und Sie von denselben Verhaltensweisen, wenn Sie sich über die Anforderung „Arbeitssystematik" unterhalten? Vielleicht bedeutet das für Ihren Empfehler lediglich ein aufgeräumter Schreibtisch, für Sie allerdings auch das eigenständige Priorisieren bei der Aufgabenbearbeitung. Nur wenn Sie Ihrem Empfehler detailliert schildern, welche Anforderungen Sie suchen und was Sie darunter verstehen, werden Sie seine Treffsicherheit bei der Empfehlung erhöhen.

- Verkaufsinteresse des Beurteilers: Hat Ihr Empfehler vielleicht ein Interesse daran, Ihnen jemanden zu „verkaufen"? Stellen Sie sicher, dass der Beurteiler einen Mitarbeiter nicht aus fadenscheinigen, persönlichen Interessen heraus empfiehlt bzw. behalten Sie im Hinterkopf, welche Eigeninteressen der Beurteiler mit seiner Empfehlung verfolgen könnte.

Interviewfragen für Einzelgespräche

Damit Sie die Qualität Ihrer Personalauswahl über die Durchführung der Interviews erhöhen, sollten Sie strukturierte Gespräche führen und im Interview die richtigen Fragen zu stellen. Überlegen Sie sich vorher (anhand Ihres definierten Anforderungsprofils) genau, was Sie wissen wollen und fragen Sie im Gespräch nicht nur nach Kompetenzen und Erfahrungen, sondern auch nach den Motiven und Beweggründen Ihres potenziellen Projektmitarbeiters. Um im Gespräch mit Ihren Kandidaten auch wirklich die richtigen Fragen zu stellen, können die Fragetechniken der episodischen und selbstreflektorischen Fragen eine wertvolle Hilfe sein:

- Episodische Fragen: Fragen, die auf bisherige Erfahrungen, Erlebnisse und konkrete Situationen abzielen.
  - Welche Erfahrungen haben Sie im Hinblick auf ... gemacht?
  - Schildern Sie bitte eine Situation, in der Sie sich mit einer besonderen Herausforderung konfrontiert sahen.
  - Wie sind Sie in dieser Situation vorgegangen?

- Wie ist die Situation ausgegangen? Was war das Ergebnis Ihres Vorgehens?

- Selbstreflektorische Fragen: Fragen, die den Interviewten dazu auffordern, sich mit den eigenen Eigenschaften, Beweggründen und Motiven auseinanderzusetzen.

  Was haben Sie aus dieser Situation für sich gelernt?

  Was haben wir durch diese Situation / Ihr Vorgehen über Sie erfahren können?

  Was zeigt uns diese Erfahrung über Ihre grundsätzliche Herangehensweise?

  Was motiviert Sie zu ...? Was reizt Sie an ...?

Beim Einsatz dieser Fragetechniken bietet sich häufig ein Wechsel zwischen den beiden Fragearten im Verlauf des Gesprächs an: Fragen Sie zunächst nach einem konkreten Beispiel für die Arbeitsweise des Interviewten und lassen Sie ihn anschließend erläutern, was dieses Beispiel über seine generelle Arbeitssystematik aussagt. Oder Sie bitten Ihren Gesprächspartner zunächst seine grundsätzliche Haltung zu einem Thema zu erläutern und erkundigen sich im Anschluss nach einem konkreten Beispiel, in dem sich diese Haltung in seinem Verhalten geäußert hat. Wenn Sie im Interview sowohl episodische als auch selbstreflektorische Fragen geschickt einsetzen, so sollte Ihnen nach dem Gespräch ein umfassendes Bild über Ihren potenziellen Projektmitarbeiter vorliegen. Dabei werden Sie sowohl etwas über die konkreten Erfahrungen, Kompetenzen und Arbeitsweisen, als auch über die Einstellungen und Motive Ihres Gesprächspartners erfahren haben.

Value-Result-Matrix

Je mehr Informationen Sie für die Personalauswahl aus unterschiedlichen Quellen zusammentragen, desto stärker erhöhen Sie Ihre Treffsicherheit. Je mehr Informationen Ihnen jedoch aus unterschiedlichen Quellen für Ihre Anforderungen vorliegen, desto facettenreicher wird auch das Bild, das von Ihrem potenziellen Kandidaten entsteht. Umso schwerer wird dann eine klare Entscheidung, denn selten zeichnet sich auf den ersten Blick ab, dass ein Mitarbeiter für Ihre Projektstellenvakanz (un-)geeignet ist.

Sollten Ihnen also mehr als eine Einschätzung über Ihre potenziellen Projektmitarbeiter vorliegen, so gilt es, die Vorzüge und Nachteile Ihrer Kandidaten systematisch zu verdichten. Ein leicht anwendbarer Ansatz und eine einfache Entscheidungshilfe bietet dabei die Value-Result-Matrix. Auf Basis der beiden Faktoren Value und Result wird eine Vierfelder-Matrix aufgespannt, die es Ihnen ermöglicht, Ihre Kandidaten in vier Typen zu kategorisieren. Durch die starke Verdichtung auf lediglich zwei Faktoren, nämlich die vermutete fachliche Eignung (Result) und die erwartete kulturelle Passung zu den Teamwerten (Value) wird Ihnen die Auswahlentscheidung leicht fallen. Für jeden Ihrer potenziellen Mitarbeiter müssen Sie also zum einen beurteilen, ob er auf Basis der Ihnen vorliegenden Informationen über die fachliche Eignung für die Projektmitarbeit verfügt. Zum anderen schätzen Sie ein, ob er menschlich zu den kulturellen Teamwerten Ihres Projektes passt. Wenn Sie die beiden Einschätzungen kombinieren, so fällt jeder Ihrer Kandidaten in eines der vier Felder der Matrix:

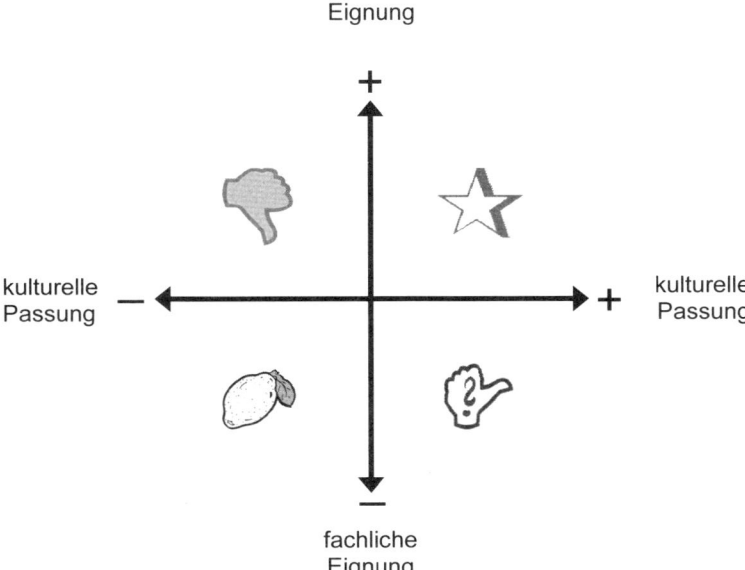

Abbildung: Value-Result-Matrix

Die Stars: Stimmen fachliche Eignung und kulturelle Passung? Dann haben Sie es mit einem „Star" zu tun, den Sie unbedingt für Ihr Projekt an Bord holen sollten.

 Die Zitronen: Weder fachlich geeignet, noch stimmt die menschliche Passung? Solche Zitronen sollten Sie sich keinesfalls ins Team holen.

 Die fachlichen Experten: Die fachliche Eignung stimmt, aber der Kandidat passt menschlich nicht ins Team? Dann lassen Sie die Finger davon. Im Zweifel lieber auf einen (herausragenden) Experten verzichten, als sich Frust und Unzufriedenheit im Team einzukaufen.

 Die Fragezeichen: Der Kandidat würde zwar menschlich in Ihr Projektteam passen, aber die fachliche Eignung stimmt (noch) nicht? Dann gilt es für den Einzelfall zu prüfen: Lohnt es sich in den Kandidaten zu investieren und halten Sie ihn für fähig zu lernen und sich zu entwickeln? Oder lassen sich die fachlichen Defizite nicht (schnell genug) ausgleichen?

Eisenhower-Prinzip

Wenn Sie Ihren Projektauftrag entschlacken und sich auf die zentralen Projektaufgaben fokussieren müssen oder wollen, so bietet das Eisenhower-Prinzip eine hilfreiche Unterstützung zur Prioritätensetzung. Anstehende Aufgaben werden dabei anhand der beiden Kriterien Wichtigkeit und Dringlichkeit unterschieden. Die Wichtigkeit bezieht sich auf die Bedeutung, die einer Aufgabe in Bezug auf Ihre Ziele zukommt. Sie müssen sich also fragen, inwiefern eine Tätigkeit etwas zur Zielerreichung beizutragen hat. Die Dringlichkeit bezieht sich hingegen auf die Terminvorgabe, bis zu dem eine Aufgabe bearbeitet sein muss. Auf Basis dieser zwei Unterscheidungsdimensionen wird eine Vier-Felder-Matrix aufgespannt:

- Quadrant I: Aufgaben, die dringend und wichtig sind. Diese Aufgaben haben die höchste Priorität und sollten sofort und mit voller Aufmerksamkeit bearbeitet werden.

- Quadrant II: Aufgaben, die dringend, aber nicht wichtig sind. Dies sind die Aufgaben, die häufig Stress verursachen, obwohl ihnen keine besondere Bedeutung bei der Zielerreichung zukommt. Diese Aufgaben sollten Sie, wenn möglich, delegieren, ablehnen oder notfalls zügig abarbeiten.

- Quadrant III: Aufgaben, die weder dringend noch wichtig sind. Diese Aufgaben rauben Ihnen nur Zeit. Daher können Sie sich ihrer getrost entledigen und auf ihre Bearbeitung verzichten.

- Quadrant IV: Aufgaben, die zwar nicht dringend, aber dennoch wichtig sind. Dies sind Aufgaben, die zielführend sind, jedoch nicht sofort erledigt werden müssen. Planen Sie gezielt Zeit für die Bearbeitung dieser Aufgaben zu einem späteren Zeitpunkt ein.

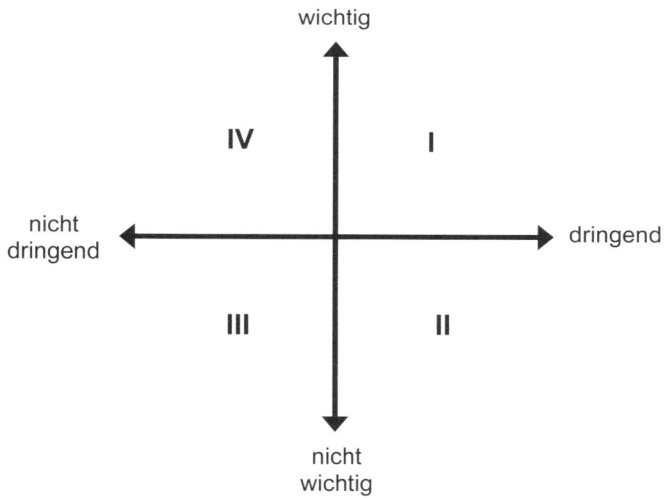

Gummiband-Prinzip

Ihr Projektteam steht und Sie haben mit Hilfe von Anforderungsanalyse und systematischer Personalauswahl die richtigen Personen an Bord geholt. Nun kann es eigentlich losgehen, aber gleich zu Beginn des Projekts müssen Sie feststellen, dass Ihnen zu wenig Ressourcen zur Verfügung stehen oder Ihr Projekt zu schwach besetzt ist?

Anstatt formal mehr Personal zu fordern, gibt eIs für Sie als Projektleiter meist vielfältige Möglichkeiten aus benachbarten und befreundeten Bereichen Ressourcen „abzusaugen", ohne dabei zu viel Aufmerksamkeit zu erregen. Als kreatives Hilfsmittel zum Erkennen solcher potenziellen Zusatzressourcen können Sie das so genannte Gummiband-Prinzip einsetzen. Beim

Gummiband-Prinzip veranschaulichen Sie sich (grafisch), welche Personen alle mit Ihnen als Projektleiter über ein „Gummiband" verbunden sind:

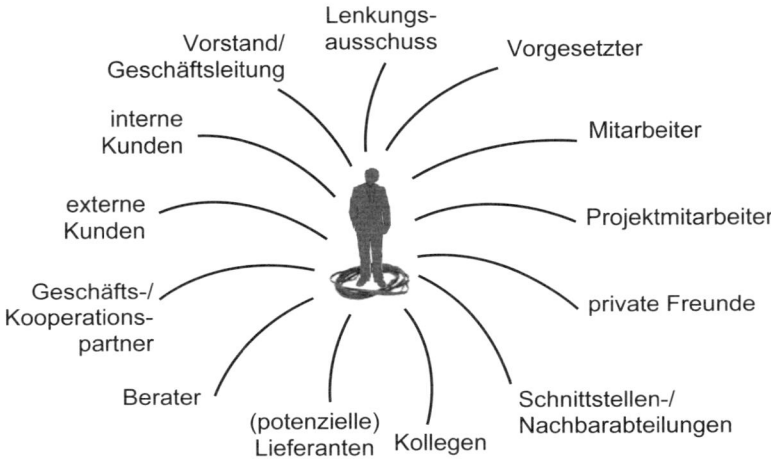

Abbildung: Gummiband-Prinzip

Hilfreich bei der Zusammenstellung Ihres „Gummiband-Netzwerkes" ist es auch zu reflektieren, welche Personen von der anderen Seite am Gummiband ziehen und von Ihnen Hilfestellungen einfordern. Sammeln Sie in einer Brainstormingsession alle Kontakte, die Ihnen in den Sinn kommen und betrachten Sie anschließend, an welchen der Gummibänder Sie ziehen können. Überlegen Sie, welche dieser Ressourcen Sie wofür anzapfen können, ohne diese gleich formal in Ihr Projekt einzubinden. Dabei werden Sie sicher einige zusätzliche Kanäle zur Ressourcenbeschaffung entdecken, deren Existenz Ihnen zuvor nicht bewusst war. Gelingt es Ihnen ausreichend weitere Ressourcen zu gewinnen, so können Sie Ihre Projektziele termintreu und budgetgemäß sicherstellen und zeigen, dass Sie als Projektleiter auch mit wenig Personal die gewünschten Ergebnisse liefern können. Eine Erfahrung, die Ihnen sicher auch in folgenden Projekten weiterhelfen wird.

2 Die Mannschaft festigen

Bilden Sie auf keinen Fall ein Team, wenn Sie es irgendwie alleine regeln können! Das große Aber: Die meisten Aufgaben, die an uns herangetragen werden, sind so komplex, neuartig und vielschichtig, dass eine Person alleine sie nicht bewältigen kann. Hier kommen Projektteams ins Spiel. Jeder weiß, dass ein Projektteam nicht von alleine gut funktioniert. Als Projektleiter sollten Sie daher Antworten auf die folgenden Fragen haben:

- Wie mache ich aus einer mehr oder weniger willkürlichen Ansammlung von Menschen ein Team?

- Welche Möglichkeiten gibt es, mit Menschen an unterschiedlichen, vielleicht weltweit verteilten Standorten ein Team zu bilden?

- Welchen Einfluss kann ich als Projektleiter auf die Rollenverteilung in einem Team nehmen und wie stelle ich eine eindeutige Aufgabenverteilung sicher?

- Wie kann ich vermeiden, dass sich einzelne Teammitglieder in die soziale Hängematte legen und versuchen, sich aus der Verantwortung zu stehlen, gerade wenn es an die Verteilung der Arbeit geht?

Vom Start weg ein Teamgefühl schaffen

» DAS SZENARIO

Ein amerikanisches Softwarehaus startete eine Rekrutierungsoffensive, um in Mitteleuropa eine eigene Vertriebsorganisation aufzubauen. Als Mitarbeiter der beauftragten Personalberatung war mir die Leitung und Koordination dieses internationalen Projekts übertragen worden. Ich hatte in den fünf relevanten Rekrutierungsmärkten jeweils Mitarbeiter unserer dortigen Partner- oder Tochterfirmen für das Projekt zugewiesen bekommen. Nun galt es, binnen kürzester Zeit aus diesen Einzelspielern, die sich untereinander nicht kannten, ein schlagkräftiges, regional agierendes, aber homogen auftretendes Team zu formen. Wie sollte das gelingen?

Wege zur Lösung

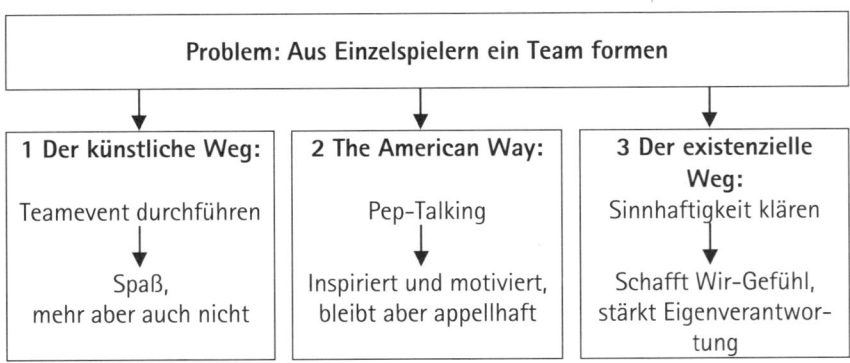

1 Der künstliche Weg: Teamevent durchführen

Man kann so vieles kaufen, warum nicht auch eine Teamentwicklung? Es gibt zahllose Anbieter von Teambildungsseminaren – mit oder ohne Outdoor-Aktivitäten, preiswert oder exklusiv, mehr Eventcharakter oder lieber Erlebnisfaktor. Alles schön und gut, aber nach meiner Erfahrung gibt es einige Faktoren, die bei der Initiierung, Organisation und Durchführung von Events zum Zweck der Teambildung bedacht werden müssen:

- Maximieren Sie beim Teamevent die Interaktionszeit der Teammitglieder, nicht die Konsumzeit. Durch den gegenseitigen Austausch verbessern sich die Beziehungen der Teammitglieder untereinander, nicht durch das gemeinsame Konsumieren eines Showevents, Galadiners, Vortrags oder Ähnlichem.

- Weniger ist mehr. Die Projektmitglieder müssen nicht belohnt werden, schließlich liegt die Arbeit ja noch vor Ihnen. Es geht vielmehr darum, eine Plattform zum Austausch, ein Forum, zu schaffen, damit sich die Teammitglieder gegenseitig kennenlernen können, auch außerhalb der üblichen Arbeitsumgebung.

- Überfrachten Sie ein Teamevent am Anfang des Projekts nicht mit endlosen Feedback- oder Orientierungsgesprächen. Feedback ist wichtig, aber erst im weiteren Verlauf des Projekts. Am Anfang geht es um die Herstellung von Nähe und Vertrauen.

- Wenn Sie sich externe Verstärkung für die Durchführung eines Teamevents holen, stellen Sie sicher, dass Sie der Hauptakteur sind, nicht die zugekauften Teamtrainer. Manche Teamtrainer schießen über das Ziel hinaus: Stimmen Sie sich daher sehr genau im Vorfeld ab

PRO

Termine: Ein Teamevent dauert selten länger als zwei Tage und lässt sich dementsprechend einfach in den Projektplan integrieren. In der Regel sind Mitarbeiter bereit, ein oder zwei Tage ihres Wochenendes für ein vielversprechendes Teamevent zu spendieren.

CONTRA

Qualität: Der Beweis, dass sich durch einzelne, isolierte Teamevents die Qualität eines Teams verbessert, steht meines Wissens nach noch aus. Einzelevents werden in ihrer Bedeutung überschätzt – was zählt ist das gemeinsame Arbeiten, der Weg, den man gemeinsam beschreitet.

Kosten: Bei Events wird meistens geklotzt, nicht gekleckert. Verkürzen Sie lieber den Event, wenn Ihnen die Kosten wegzulaufen drohen, anstatt bei der Qualität zu sparen. Planen Sie auch die Reisekosten und die unproduktive Arbeitszeit in Ihre Kalkulation mit ein.

Karriere: Das Organisieren-Lassen von Teamevents durch Projektassistenten, externen Agenturen usw. wirkt immer etwas hilflos und unpersönlich. Stellen Sie sicher, dass Ihr Event auch Ihre persönliche Handschrift trägt und erkannt wird, dass Sie die treibende Kraft hinter der Organisation sind. So kann vielleicht ein wenig Glanz des Events auf Sie abstrahlen.

Fazit: Wann dieser Weg Erfolg verspricht

Ich bin kein großer Fan von künstlichen Teamevents, weil ich der Überzeugung bin, dass man sich auf den Kern von Teamarbeit, nämlich das Arbeiten in einem Team, fokussieren sollte. Die Hoffnung auf die zündende Wirkung eines künstlich geschaffenen Teamevents ist bei mir zu gering, als dass ich den Aufwand und die mit einem Scheitern verbundenen Risiken in Kauf nehmen würde.

Allerdings habe ich selbst auch schon an Teamevents teilnehmen dürfen, über die eine Abteilung oder sogar das ganze Unternehmen noch lange gesprochen haben. Einzelevents können durchaus in das kollektive Gedächtnis einer Organisation übergehen; sie haben Legendenpotenzial.

2 The American Way: Pep-Talking

Dieser Weg heißt bei mir der Amerikanische, weil er mit emotionalen Motivationsversuchen und Pep-Talks, also mitreißenden „Kabinenansprachen" wie im Teamsport arbeitet – alles Vorgehensweisen, die wir stereotypisch mit Managern US-amerikanischer Prägung verbinden. Tatsächlich ist dieser Weg in Kontinentaleuropa weitgehend verpönt: Wir sind sachlich, aufgabenorientiert und tiefgründig und lassen uns nicht von Emotionen leiten. Leider!

Wenn Sie sich an einer emotionalen Rede vor Ihrem Projektteam versuchen, beachten Sie, dass Sie

- authentisch, also im Einklang mit Ihren Überzeugungen sind,
- an die Gedanken- und Gefühlswelt Ihrer Zuhörer anknüpfen,
- mit anschaulichen Metaphern oder Analogien arbeiten,
- eindringlich agieren und einen Sinn von Dringlichkeit vermitteln,
- positive Vorstellungen und Emotionen auslösen und
- dabei nicht vergessen, selbst Emotionen auszudrücken.

2

VORSICHT BOMBE!

„Tränen lügen nicht", heißt es so schön. Tatsächlich werden Emotionen in erster Linie über unsere Körpersprache und die Stimme, nicht über das gesprochene Wort vermittelt. Nichts wirkt unglaubwürdiger, als wenn Ihr Körper etwas anderes verrät, als das, was Sie Ihrem Team gerade verbal vermitteln wollen. Sie büßen als Projektleiter und als Mensch an Anerkennung und Akzeptanz ein.

So entschärfen Sie die Bombe

Setzen Sie Ihre Körpersprache bewusst ein:

1 Emotionen werden in erster Linie vermittelt über Ihre Mimik und die Tonalität und Färbung Ihrer Stimme.
2 Man darf Ihnen anmerken, wenn Ihnen etwas wichtig ist! Unterstreichen Sie durch Gestik, Körperspannung und Variation in der Lautstärke Ihr persönliches Engagement und Involvement.

PRO

Karriere: Wenn es Ihnen gelingt, durch eine einzelne Ansprache ein Team zu mobilisieren, kann der Erfolg auf Ihre Person zurückgeführt werden. Charisma wird häufig skeptisch beäugt, ist aber im Endeffekt selten abträglich für eine Karriere.

Kosten: Eine Ansprache durch den Projektleiter lässt sich ohne zusätzliche Kosten realisieren und bedeutet weder terminlich noch finanziell einen besonderen Aufwand.

**CONTRA**

Qualität: Ein Pep-Talk alleine kann Aufwecken und Mobilisieren, aber nicht im Detail eine Verhaltenssteuerung bewirken. Daher gelten Pep-Talks als oberflächlich und wenig nachhaltig. Die eigentliche Arbeit der Projektplanung und des Projektcontrollings darf nicht zu kurz kommen.

Fazit: Wann dieser Weg Erfolg verspricht:

Die Gefahren, durch eine falsch gesetzte Ansprache Widerstände zu schaffen oder sich selbst lächerlich zu machen, sind so groß, dass viele Projektmanager auf motivierende Reden gänzlich verzichten. Dies führt in der Praxis dazu, dass Emotionen weitgehend ausgeblendet werden, obwohl ihnen erhebliche Bedeutung im Projektmanagement zukommt, sowohl bei der Teambildung als auch bei der Mobilisierung von Energie.

Meines Erachtens nach sollten wir uns erlauben, mehr Emotionen zum Ausdruck zu bringen und lernen, sie in die Arbeitspraxis zu integrieren. Als Projektleiter sollten Sie beispielsweise Ihrem Engagement Ausdruck verleihen, Ihr Interesse an einem erfolgreichen Projektabschluss deutlich machen, Ihrem Ärger auch einmal Luft machen oder Überraschung und Freude unmittelbar spüren lassen. Sie werden sehen, wie Ihre eigenen Emotionen dazu beitragen, dass Ihre Teammitglieder ihr Herzblut entdecken und in das gemeinsame Projekt investieren.

3 Der existenzielle Weg: Sinnhaftigkeit klären

Es geht nicht gleich um den Sinn des Lebens, aber in der Regel wollen Ihre Projektmitarbeiter schon wissen, warum sie Kraft und Energie in ein bestimmtes Thema investieren sollen. Man kann zugespitzt formulieren: Was ist die Existenzberechtigung für uns als Team? Die Existenzberechtigung für ein Projektteam ist immer und ausschließlich die gemeinsam zu bearbeitende Aufgabe. Wollen wir ein Team bilden, muss allen Beteiligten klar sein, warum wir zusammenkommen und warum es für den Einzelnen und für uns als Organisation von Nutzen ist, diesen Projektauftrag möglichst optimal zu bearbeiten. Nur wenn die Projektmitglieder die Sinnhaftigkeit des gemeinsamen Auftrags erkennen, werden sie die nötige Bereitschaft entwickeln, Lebensenergie in Ihr Projekt zu investieren und die berühmte Extrameile für Sie zu gehen.

Als Projektleiter geht es in der Phase der Teambildung darum, das gemeinsame Interesse der Teammitglieder herauszuarbeiten, das in dem Erreichen eines bestimmten Zielzustands in der Zukunft liegt. Typischerweise halten wir das durch den Auftraggeber definierte Projektziel für diesen Zielzustand. Damit es aber zum Schulterschluss aller Beteiligten und zum positiven Energieschub im Team kommt, muss der Projektleiter die Sinnhaftigkeit und höhere Wertigkeit des Projektziels beschreiben und für die Projektmitarbeiter greifbar machen:

- Warum ist das Erreichen der Projektziele für uns als Team/ Abteilung/Unternehmen so bedeutsam?
- Welchen Nutzen kannst du dir persönlich von dem Erreichen der Projektziele versprechen?
- Was passiert eigentlich, wenn wir unsere Ziele nicht erreichen?

Um ein Projektteam auf ein gemeinsames Ziel einzuschwören, sollte der Projektleiter sich nicht nur über die operativen Projekt- und Etappenziele im Klaren sein, sondern auch eine gemeinsame Vision und Mission für das Team (siehe Tool „Vision, Mission, Ziele" auf S. 94) entwickeln.

PRO

Qualität: Mitarbeiter, die einen Sinn in ihrer Tätigkeit erkennen, sind eher bereit, das Beste einzubringen, zu dem sie fähig sind.

Termine: In einem Team mit Schulterschluss hilft man sich gerne gegenseitig aus, wenn es in einem Teilbereich terminliche Engpässe gibt.

Karriere: Ist es Ihnen einmal gelungen, aus einer Ansammlung von Einzelpersonen ein Team zu formen, das sich einem gemeinsamen Ziel verschrieben hat, schaffen Sie sich Freunde und Verbündete auch über das Projekt selbst hinaus. Gemeinsam an einem anspruchsvollen und sinnvollen Ziel gearbeitet zu haben, verbindet und schafft Vertrauen in die gegenseitige Leistungsfähigkeit, auch für weiterführende Herausforderungen.

CONTRA

Karriere: Nicht alle Projektziele lassen sich sinnstiftend vermitteln. Konsequent zu Ende gedacht würde das bedeuten, Aufgaben abzulehnen, deren Sinn Sie nicht einsehen oder motivierend darlegen können. Sollten Sie Aufgaben als nicht sinnvoll ablehnen, könnte dies Ihrer Karriere schaden.

Fazit: Wann dieser Weg Erfolg verspricht

Für mich ist es unabdingbar: Ich möchte wissen, warum ich Kraft, Energie und die Bereitschaft, mich in ein Team einzufügen, aufbringen soll. Ich möchte die Sinnhaftigkeit einer Projektaufgabe für mich persönlich und für uns als Leistungskollektiv erkennen und förmlich greifen können. Damit ist für mich als Leiter eines Projektteams klar: Ohne Sinnstiftung keine Existenzberechtigung – und damit kein Team. Auf diesen Weg sollte kein Projektleiter, dem die Teambildung am Herzen liegt, verzichten.

Mein Weg: Eine höhere Bedeutung vermitteln

Ich wollte aus den auf fünf europäische Länder verteilten Kollegen der Tochter- oder Partnerunternehmen ein homogenes Team formen. Wir wollten mit einer gemeinsamen Wertvorstellung agieren, um die Wünsche unseres gemeinsamen Kunden in den regionalen Märkten einheitlich umzusetzen.

Ein Teamevent kam aufgrund des erheblichen Zeit- und Reiseaufwands nicht in Frage. An eine emotionale Ansprache vor allen Mitarbeitenden traute ich mich damals nicht heran. Erst als wir die ersten Erfolge vorweisen konnten, trafen wir uns persönlich zu einer Feierstunde mit Schulterklopfen und Danksagungen.

Für die Teambildung suchte ich das persönliche Gespräch mit jedem Einzelnen. Mindestens einmal face-to-face, dazu mehrmals telefonisch und anlässlich der ersten gemeinsamen Aufgabenbearbeitungen war ich bemüht, alle auf ein gemeinsames Ziel einzuschwören. Dabei half mir, dass ich mir selbst über die Ziele des Projekts im Klaren war: Ich hatte nicht nur die operativen Projekt- und Etappenziele, sondern auch eine gemeinsame Vision und Mission (siehe Tool „Vision, Mission, Ziele" auf S. 94) für mich ausformuliert und aufgeschrieben.

Der Erfolgshebel? Die gemeinsame Aufgabe im engeren Auftragssinn wird überhöht, indem eine größere Bedeutung vermittelt wird. In meinem Projektfall machte ich den Beteiligten klar, dass unsere Tätigkeit ein Musterbeispiel für die Zusammenarbeit in unserem Unternehmensverbund über Ländergrenzen hinweg werden konnte. Wir dokumentierten nicht nur die Arbeitsergebnisse, sondern auch unsere Vorgehensweisen und präsentierten unsere Erfahrungen vor der Geschäftsleitung. Je nach Situation des Einzelnen betonte ich zudem explizit die persönlichen Vorteile für jeden Mitarbeitenden, beispielsweise Lernmöglichkeiten, eigene Profilierung, Sicherheit durch Netzwerkbildung, finanzielle Chancen und geschäftliche Perspektiven, interkulturelle Erfahrungen etc. Mir lag daran, den kollektiven und den individuellen Nutzen herauszuarbeiten und unserer Tätigkeit einen höheren Sinn zu verleihen.

Wie es ausging? Nachdem ich mir von jedem Einzelnen die persönliche Erklärung eingeholt hatte, sich für die gemeinsamen Projektziele einsetzen zu wollen, war es ein Leichtes, die Kollegen auf ein einheitliches Vorgehen am Markt und das Einhalten bestimmter Wert- und Qualitätsvorstellungen einzuschwören. Wir konnten – entgegen der Erwartungen unseres amerikanischen Kunden – eine einheitliche Vorgehensweise in Europa gewährleisten. Mit einigen der damaligen Projektmitarbeiter stehe ich heute noch in einem vertrauensvollen, freundschaftlichen Kontakt.

KLARTEXT: EIN TEAMGEFÜHL SCHAFFEN

1 Lassen Sie die Finger weg von Teamarbeit, wann immer es sich vermeiden lässt.

2 Wieso erlauben Sie sich, Ihren Mitarbeitern Lebenszeit zu klauen? Klären Sie die Existenzberechtigung Ihres Teams.

3 What's in for me? Diese Frage ist nicht anrüchig, sondern sollte explizit von Ihnen beantwortet werden. Arbeiten Sie den individuellen und den kollektiven Nutzen einer erfolgreichen Projektarbeit heraus.

4 „Jetzt bleiben wir mal sachlich." – Nein! Zeigen Sie Ihre echten Emotionen und bringen Sie Farbe ins Spiel.

5 Vergessen Sie künstliche Events und besinnen Sie sich auf den Kern von Teamarbeit, nämlich gemeinsames Arbeiten.

Globale und virtuelle Teams – und wie sie doch zusammenfinden

 DAS SZENARIO

Für einen internationalen Pharma- und Chemiekonzern mit Sitz in Deutschland sollte ich eine Reihe von Seminaren zur Persönlichkeitsentwicklung der Führungskräfte konzipieren und durchführen. Das modulare Weiterbildungskonzept wurde allen Führungskräften weltweit ab einem bestimmten Hierarchielevel angeboten. Es galt, ein Team zusammenzustellen aus lokalen Trainern und Beratern, und sicherzustellen, dass ein gemeinsamer Qualitätsstandard in den jeweiligen Regionen Nordamerika, Lateinamerika, Asian-Pacific und Europa gewährleistet wurde. Hierzu war es nötig, aus den beteiligten Einzelpersonen ein Team mit gemeinsamen Wertvorstellungen zu formen, und das über räumliche und kulturelle Grenzen hinweg. Wie dazu vorgehen?

Wege zur Lösung

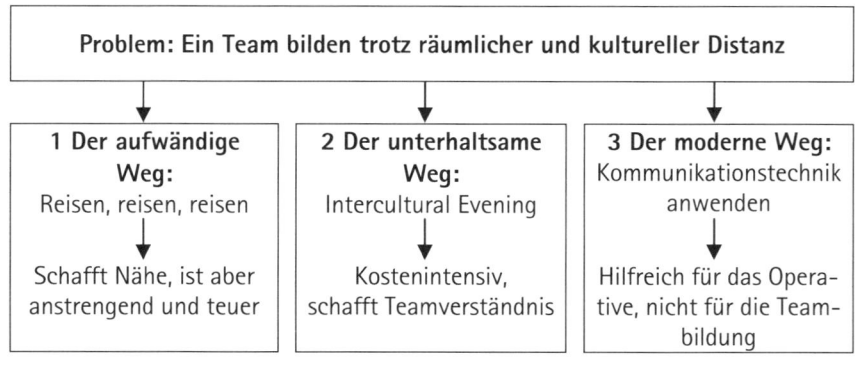

1 Der aufwändige Weg: Reisen, reisen, reisen

In einer immer stärker vernetzten Wirtschaftswelt ist das Arbeiten in globalen Teams für eine wachsende Anzahl von Managern eine tägliche Herausforderung. Konnten wir bislang, um dringende Angelegenheiten zu klären, den Projektkollegen mal eben in seinem Büro nebenan besuchen, müssen wir heute oft Distanzen von mehreren tausend Kilometern überwinden. Hinzu kommen unterschiedliche kulturelle Prägungen und Wertsysteme, die eine echte Verständigung zusätzlich erschweren.

Ein Weg, diesen zukünftig noch wachsenden Herausforderungen als Leiter eines Projekts zu begegnen, besteht beispielsweise darin, die persönliche Nähe zu den einzelnen Projektmitgliedern herzustellen, indem man sich ins Flugzeug setzt und die Kollegen vor Ort besucht. Wie in dem vorigen Kapitel dargestellt, mag das innerhalb von Europa noch gut gelingen, in globalen Teams stoßen Sie damit jedoch rasch an Ihre Grenzen, sowohl wegen des Kosten- und Zeitaufwands als auch im Hinblick auf Ihre eigene Gesundheit.

PRO

Qualität: Ein tief greifendes Verständnis füreinander erreichen Sie nur über den persönlichen Kontakt. Wenn Sie als Projektleiter die Reisetätigkeit auf sich nehmen, drücken Sie Wertschätzung für den lokalen Projektmitarbeiter aus und können die Gegebenheiten vor Ort besser einschätzen und in die Projektarbeit integrieren. All das führt zu einer verbesserten Leistung des Einzelnen und einer höheren Projektqualität insgesamt.

Karriere: Reisen bildet und fördert Ihr persönliches Netzwerk in einer globalisierten Welt.

CONTRA

Kosten: Der Aufwand für Reisen über Kontinentgrenzen hinweg ist erheblich. Denken Sie nicht nur an die Flugkosten, sondern auch an die dafür erforderliche Arbeitszeit.

Termine: Sie können sich nicht teilen, müssen also die weltweit verstreutenMitarbeiter der Reihe nach abarbeiten. Das kostet Zeit. Eine schnelle Weitergabe von Entscheidungen, Best-Practice-Ansätzen etc. ist auf diesem Weg nicht zu erreichen.

> **Qualität:** Durch bilaterale Besuche stärken Sie zwar Ihre Beziehung als Projektleiter zu jedem Einzelnen Ihrer Projektmitarbeiter, Sie erreichen jedoch keinen Teambildungseffekt.

Fazit: Wann dieser Weg Erfolg verspricht

Tatsächlich hat sich das Passagieraufkommen im weltweiten Luftverkehr trotz teurem Öl und Angst vor Terrorismus in den letzten 15 Jahren verdoppelt. Trotz aller Nachteile einer intensiven Reisetätigkeit scheint es also gute Gründe zu geben, die persönliche Nähe zu den eigenen Kollegen und Geschäftspartnern auch über die räumliche Distanz hinweg herzustellen.

Der Weg der eigenen, intensiven Reisetätigkeit erscheint mir notwendig, wenn

- Sie sich einen Eindruck von den lokalen Gegebenheiten verschaffen wollen, um den in Variation vorgebrachten Einwänden von „Bei uns hier ist das alles ganz anders" wirkungsvoll begegnen zu können,

- Sie den Eindruck des „bürokratischen Zentralisten" vermeiden und bestimmte Erwartungshaltungen lieber vor Ort und persönlich kommunizieren wollen,

- Sie einen nachhaltigen Einstieg in die Projektarbeit vor Ort sicherstellen wollen, beispielsweise über die gemeinsame Durchführung der ersten Gespräche, von Workshops und Seminaren.

2 Der unterhaltsame Weg: Intercultural Evening

Eine Alternative zu den Reisen des Projektleiters zu den Kollegen in den jeweiligen Regionen kann es sein, alle Projektmitarbeiter einmalig an einen gut zu erreichenden Ort einzuberufen und dort eine zentrale Projektauftaktveranstaltung mit Teambildungselementen durchzuführen. Tagsüber können formale Fragen der Projektorganisation und Aufgabenverteilung geklärt werden. Der Abend kann für das Zusammenwachsen des Projektteams genutzt werden.

Gute Erfahrungen habe ich mit einem so genannten Intercultural Evening gesammelt. Die Gruppenmitglieder werden zusammen mit der Einladung gebeten, für den ersten gemeinsamen Abend etwas Typisches aus ihrem Heimatland mitzubringen: etwas zu essen, etwas zu trinken, ein Musikstück und etwas zum Vor- oder Mitmachen. Während das Tagesprogramm die beteiligten Personen in ihrem Arbeitsverhalten zeigt, bietet das Abendprogramm so die Gelegenheit, auch die Menschen dahinter mit ihrem kulturellen Hintergrund näher kennenzulernen.

PRO

Termine: Eine zentrale Auftaktveranstaltung bietet die Möglichkeit, in kurzer Zeit die für ein konstruktives Arbeiten erforderliche Vertrautheit zu schaffen. Nötige Absprachen im weiteren Verlauf des Projekts funktionieren rascher und reibungsloser, wenn sich die Beteiligten persönlich kennen.

Qualität: Ein gemeinsam gestalteter Abend aktiviert die Beteiligten, ohne dass ein externer Teamtrainer benötigt wird. Er weckt Verständnis für die unterschiedlichen kulturellen Prägungen der Beteiligten und hilft, Gemeinsamkeiten zu erkennen.

Karriere: Mit dem Organisieren eines internationalen Meetings, von dem später positiv im Unternehmen berichtet wird, können Sie sich weltweit einen Namen machen. Passen Sie aber auf, dass Ihnen die erheblichen Kosten nicht zum Vorwurf gemacht werden.

CONTRA

Kosten: Wenn Sie die Mitglieder Ihres globalen Projekts zusammenrufen, kostet das viel, neben dem eigentlichen Reiseaufwand noch Arbeitszeit für die Reise, Übernachtungs- und Bewirtungskosten, Ausgaben für Transfers und Betreuung vor Ort, Meetingorganisation und Räumlichkeiten etc.

Fazit: Wann dieser Weg Erfolg verspricht

Der Weg einer zentralen Auftaktveranstaltung für Ihr Projekt sollte dann beschritten werden, wenn sich die Kosten dafür rechtfertigen lassen. Wird beispielsweise eine intensive, globale Zusammenarbeit der Beteiligten über einen längeren Zeitraum hinweg angestrebt? Oder hat das Projekt eine erhebliche Hebelwirkung für wichtige Themen im gesamten Unternehmen? Unter solchen Umständen ist der Aufwand für eine einmalige zentrale Zusammenkunft durchaus gerechtfertigt.

Grundsätzlich gilt, dass keine Kommunikationstechnologie den persönlichen Kontakt zwischen Menschen vollumfänglich ersetzt. Gerade zur Teambildung ist es erforderlich, persönliche Nähe der Beteiligten herzustellen, weil nur auf diese Weise gegenseitiges Vertrauen und Zutrauen in die Fähigkeiten des Teamkollegen entstehen können.

Immer dort, wo es also um mehr geht als das reine Verteilen von operativen Zuständigkeiten und Arbeitspaketen, ist das Schaffen von Anlässen zum persönlichen Austausch unersetzlich. Sie können dann nur noch zwischen Pest und Cholera wählen: Entweder Sie alleine reisen häufig oder alle machen sich einmalig auf die Reise.

3 Der moderne Weg: Nutzen neuer Kommunikationstechnik

Wenn Sie ein globales Projektteam leiten, werden Sie die Segnungen der modernsten technologischen Kommunikationstools zu schätzen wissen. Neben dem Einsatz von Internet und Intranet haben Sie für den Informationsaustausch in einem virtuellen Projektteam mittlerweile die Qual der Wahl: E-Mail, Voice-Mail, Internet-Fax, audio- und videobasierte Konferenzsysteme, virtuelle Projekträume, Tutorials, Hypertext-Systeme usw. Die Frage an dieser Stelle ist allerdings, inwiefern das Kommunizieren über Medien das Zusammenwachsen als Team bewirken kann.

 VORSICHT BOMBE!

Das Kommunizieren via E-Mail hat unser Arbeitsleben erheblich beschleunigt. Leider auch im Konfliktfall. Die große Gefahr von Konflikten liegt nämlich in der Beschleunigung: Wenn es zum Schlagabtausch kommt, kommen Aussagen auf den Tisch, die besser ungesagt geblieben wären. Vor diesem Hintergrund birgt das Kommunizieren per E-Mail erhebliche „Verletzungsgefahren", auch unter Kollegen und gerade in interkulturellen Teams.

So entschärfen Sie die Bombe

1   Sorgen Sie dafür, dass in Ihrem Projektteam der Verteilerkreis von E-Mails klein bleibt. Dämmen Sie den CC-Verteiler in Ihrem Projekt ein.

2   Wenn Sie auf E-Mails antworten, sollte die ursprüngliche E-Mail nicht automatisch in Kopie aufgenommen werden. Wenn Dritte später den gesamten Schriftwechsel nachlesen können, kann es zu Irritationen kommen.

3   Der altmodische Griff zum Telefonhörer kann angezeigt sein: Gerade persönliche Auseinandersetzungen sind schwer in Schriftform zu pressen und lassen sich besser in einem kurzen Gespräch klären.

PRO

Kosten: Der Einsatz von Informations- und Kommunikationstechnik kann die Reisekosten in Ihrem Projekt reduzieren. Die Einsparung eines einzigen face-to-face Meetings durch den Einsatz moderner Medien kann bereits die Kosten für die Anschaffung oder Anmietung einer neuen Technologie rechtfertigen.

Termine: Das Arbeiten in globalen Teams mit moderner Kommunikationstechnik kann die Produktionszeit erheblich reduzieren, weil irgendwo auf der Welt gerade an Ihrem Projekt gearbeitet wird, 24 Stunden am Tag.

Karriere: Durch Verwendung von state-of-the-art-technology oder als unternehmensinterner Wegbereiter für eine neue Technologie können Sie sich den Ruf eines modernen Managers verschaffen.

CONTRA

Qualität: Es ist nicht zu erwarten, dass Sie ohne persönliche Zusammenkunft der Beteiligten ein Team bilden werden. Ein tiefgreifendes Verständnis füreinander, einen spürbaren Schulterschluss und die Bereitschaft zur gegenseitigen Unterstützung erzielen Sie nicht via Datenfernübertragung.

Termine: Haben Sie auch schon einmal tagelang auf die Beantwortung einer E-Mail gewartet? E-Mails können ignoriert werden, persönlich vorgetragene Anliegen oder Bitten nicht. Nur wenn Sie zunächst eine gute persönliche Basis legen, läuft der moderne Informationsaustausch auch tatsächlich schneller.

Fazit: Wann dieser Weg Erfolg verspricht

Der Einsatz von moderner Informations- und Kommunikationstechnologie ist in der globalen Projektzusammenarbeit in jedem Fall erforderlich. Er ersetzt aber nicht die Notwendigkeit von persönlichen Zusammenkünften und kann die Funktion der Teambildung nicht leisten.

Eine große Gefahr stellt der falsche Einsatz und die Überfrachtung der E-Mail-Kommunikation dar: E-Mails werden nicht nur für den Informationsaustausch verwendet, sondern auch für die Beziehungsklärung. Um Botschaften auf der Beziehungsebene richtig interpretieren zu können, ist der Einbezug der körpersprachlichen Signale notwendig. Selbst Videokonferenzen können nur einen Teil einer persönlichen Kommunikation abbilden. Daher gilt: Schaffen Sie persönliche Nähe am Projektanfang und bauen Sie auf kostengünstige Kommunikationstechnologie im Verlauf des Projekts.

Mein Weg: Persönlich und greifbar in einem virtuellen Team

Als Leiter des globalen Projektteams war mir wichtig, aus den lokal agierenden Trainern und Beratern ein echtes Team zu formen. Wir wollten ein einheitliches Entwicklungskonzept für die gehobenen Führungskräfte des global agierenden Unternehmens umsetzen. Ein entscheidender Faktor für das Scheitern oder Gelingen dieses Projekts war für uns, ob die mit dem modularen Ausbildungsprogramm verbundenen Wert- und Qualitätsvorstellungen in den jeweiligen Regionen vergleichbar umgesetzt werden. Wir handelten nach der Devise: So global wie nötig, so lokal wie möglich. Es galt also, die Beteiligten im Kern auf ein einheitliches Vorgehen einzuschwören und dennoch die Kreativität und Offenheit zu wahren, lokale Besonderheiten zu berücksichtigen.

Wir entschieden uns für einen sehr aufwändigen und kostenintensiven Weg und verbanden letztendlich alle drei der oben dargestellten Wege:

1   Wir organisierten eine zentrale Auftaktveranstaltung mit allen Trainern und Beratern aus den jeweiligen Regionen. Das Ziel bestand zum einen in dem Erarbeiten und gemeinsamen Vereinbaren der Kernerwartungen für die Umsetzung vor Ort und zum anderen in dem Fördern des Teamgedankens. Letzteres haben wir über ein interkulturelles Rahmenprogramm

und das Herausstellen der Bedeutung und Sinnhaftigkeit eines global abgestimmten, gemeinsamen Vorgehens erreicht.

2 In der Folge bin ich als Projektleiter in die Regionen gereist, um die ersten Schritte der Projektumsetzung jeweils gemeinsam mit den lokal Verantwortlichen zu gehen. Wir konnten in Gesprächen vor Ort die Besonderheiten der Region reflektieren und individuelle Anpassungen vornehmen. Durch ein Train-the-Trainer-Konzept wurden der Wissenstransfer und ein gemeinsamer Qualitätsstandard sichergestellt.

3 Im Verlauf des Projekts hielt ich regelmäßigen Kontakt zu allen Beteiligten über bilaterale Telefongespräche und den Austausch von E-Mails. Dazu gab es monatliche Telefonkonferenzen zum Erfahrungsaustausch in der gesamten Gruppe, eine zentrale Dokumentenablage und ein virtuelles Forum für Fragen und Antworten. Durch die vorgeschaltete Auftaktveranstaltung mit persönlicher Präsenz hatten sich Kontakte ergeben, die die Projektmitarbeiter untereinander aufrecht erhielten. Die Kommunikation miteinander war lebhaft und regelmäßig, auch ohne meine Koordination.

KLARTEXT: WIE TEAMS ZUSAMMENFINDEN

1 Trotz moderner Kommunikationsmittel: Unterschätzen Sie niemals die Bedeutung des persönlichen Kontakts für die Bildung von Zusammenhalt und Vertrauen in einem Team.

2 Wir sind alles Individuen. Es geht nicht um das Überwinden von grundlegenden Kulturgegensätzen, sondern um das Zusammenführen von einzelnen Menschen. Sie werden mit den Grundregeln menschlichen Miteinanders sehr weit kommen, auch über kulturelle Grenzen hinweg.

3 Auch wenn Sie gerne alles unter Kontrolle haben möchten: Ermuntern Sie Ihre Projektmitarbeiter zu einem regen Austausch untereinander. In einer globalen Arbeitswelt müssen wir in Netzwerken und nicht in zentralen Abhängigkeiten denken.

4 Keine Angst vor der Distanz. Bisweilen ist mir mein Nachbar fremder als der Kollege am anderen Ende der Welt, mit dem mich das Arbeiten an einem gemeinsamen Ziel verbindet. Worauf es ankommt? Eine geteilte Zielvision!

Von Leithammeln und Matrosen – so klären Sie die Führungsrolle

Bei meinem ersten Arbeitgeber fiel mir die Aufgabe zu, ein internes Projekt zur Optimierung eines unserer Produkte zu leiten. Da es sich bei diesem Produkt um den wichtigsten Umsatzträger handelte, erhielt das Projekt von Beginn an große Aufmerksamkeit. Mein direkter Vorgesetzter als Vertreter der Geschäftsleitung sowie zwei weitere Bereichsleiter nahmen an dem Projekt teil, betrachteten sich aber als Mitarbeitende; die Leitung des Projekts wurde offiziell mir übertragen. Gleich in den ersten beiden Treffen sah ich mich in den Hintergrund gedrängt: Die in der Linienhierarchie über mir angesiedelten Projektmitarbeiter bestimmten die Diskussion, fielen mir mehrfach ins Wort und entschieden die Schwerpunktsetzung in der Projektstruktur. Mir blieb im Endeffekt die Rolle des Protokollanten und Organisators der Projekttreffen. Ich stellte mir die Frage: Matrose oder Leithammel? Oder: Gibt es Wege, die unklare Verteilung der Führungsrolle aktiv zu beeinflussen?

Wege zur Lösung

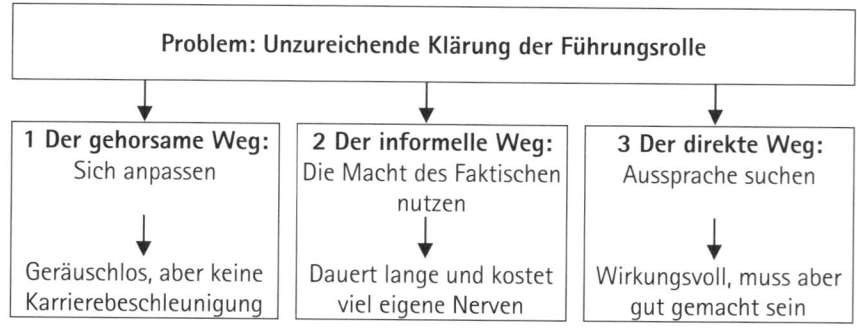

Problem: Unzureichende Klärung der Führungsrolle		
1 Der gehorsame Weg: Sich anpassen	**2 Der informelle Weg:** Die Macht des Faktischen nutzen	**3 Der direkte Weg:** Aussprache suchen
Geräuschlos, aber keine Karrierebeschleunigung	Dauert lange und kostet viel eigene Nerven	Wirkungsvoll, muss aber gut gemacht sein

1 Der gehorsame Weg: Sich anpassen

Eine Rolle in einem Projektteam kann man auffassen als ein Bündel von Erwartungshaltungen der sozialen Umgebung an den Inhaber einer bestimmten Position im Projektgefüge. In dem oben beschriebenen Szenario waren die unausgesprochenen Erwartungshaltungen an mich als rangniedriger Projektleiter das Organisieren und Administrieren der Arbeitstreffen der in der Linienhierarchie über mir angesiedelten Führungskräfte. Selbst das Agenda-Setting oder die aktive Moderation der Projektmeetings waren offensichtlich nicht Teil der an mich gestellten Erwartungen. Ganz einfach: Die Platzhirsche bestimmten das Geschehen. Warum aber darüber aufregen? Was liegt näher, als sich den von den Häuptlingen implizit vermittelten Rollenerwartungen anzupassen?

PRO

Karriere: Verhalten Sie sich gehorsam, die Firma dankt es Ihnen vielleicht später. Gefolgschaft hat noch keine Karriere gefährdet, aber auch keine beschleunigt.

CONTRA

Termine: Komplexe Projekte brauchen einen Masterplan und einen Leiter, der diesen Plan zielorientiert verfolgt. Führerlose Gruppen neigen zur Verantwortungsdiffusion, insbesondere wenn es eng wird.

Kosten: Analog zu den Terminen müssen auch die Kosten sorgfältig geplant und nachverfolgt werden. Es sollte innerhalb der Gruppe ein gemeinsames Verständnis darüber geben, wer Kosten- und Terminprobleme anmahnen darf und muss.

Qualität: Wenn die informelle Führung des Projekts nicht mit der formalen Führung zusammenfällt, kommt es zu Qualitätseinbußen und Produktivitätsverlust, beispielsweise durch unkoordinierte Aktivitäten, unklare Entscheidungswege oder Vielstimmigkeit bei der Außendarstellung der Ergebnisse.

Karriere: Sie können mit diesem Weg keine Lorbeeren ernten. Wird das Projekt ein Misserfolg, stehen Sie als Leiter mit am Pranger. Als Führer sind Sie nicht nur verantwortlich für das, was Sie tun, sondern auch für das, was Sie nicht tun.

Fazit: Wann dieser Weg Erfolg verspricht

Ob Sie diesen Weg der Anpassung überhaupt gehen können, hängt auch von Ihrem Typ ab. Für mich kommt dieser Weg generell nicht in Frage. Wenn es Ihnen aber gelingt, sich zumindest punktuell geschickt anzupassen, werden Sie tendenziell weniger Konflikte und Auseinandersetzungen erleben. Tatsächlich kann es aus taktischen Gründen in bestimmten Situationen durchaus Sinn machen, den Weg der Rollenanpassung zu gehen:

- Sie haben selbst keine Lust auf das Projekt, wollen diesen Konflikt aber nicht offen austragen.

- Sie wollen Ihre Energie und Aufmerksamkeit eigentlich in ein anderes Thema investieren und interpretieren Ihre Projektleitungsrolle daher passiv und reaktiv.

- Sie lassen die Platzhirsche zunächst bewusst mit ihren Ansätzen scheitern, um die politischen Voraussetzungen zu schaffen und den Weg frei zu machen für Ihre eigenen, progressiven Ideen.

2 Der informelle Weg: Die Kraft des Faktischen nutzen

Das Grundprinzip dieses Weges arbeitet mit der Kraft des Faktischen. Wie das hier funktionieren soll? Verhalten Sie sich so, als wären Sie das, was Sie sein wollen, und Sie werden das Beste herausholen, das unter diesen Rahmenbedingungen möglich ist.

Rollenklärungen funktionieren in der Regel implizit, regelrecht automatisch. Wenn zwei oder mehr Menschen zusammenkommen, handeln sie ihre soziale Hierarchie aus. Diese Beziehungsklärung findet im Wesentlichen nonverbal statt. Als Projektleiter können Sie sich dieses nur zu menschliche Phänomen zu Nutze machen.

In der oben beschriebenen Projektsituation fand die gegenseitige Rollen- und Hierarchieklärung schneller statt als ich es realisieren konnte. Durch mehr oder weniger deutliche Dominanzsignale der anderen verursacht fand ich mich in der Rolle des Matrosen wieder, von Leithammel keine Spur. Nach dem zweiten Treffen durchschaute ich nach und nach die informellen Mechanismen der Rollenklärung und machte mir eine Liste, welche Verhaltensweisen der Beteiligten zu der entstandenen Rollenverteilung geführt hatten (siehe Tool „Vorsicht, Dominanzsignale!" auf S. 95). Wenn Sie die Klaviatur kennen, spricht nichts dagegen, sie auch zu bespielen. Drehen Sie den Spieß um und verhalten Sie sich gemäß Ihrer formalen Leitungsrolle. Einige Beispiele:

- Seien Sie besser vorbereitet als jeder andere Meeting-Teilnehmer. Planen Sie das Meeting vom Ende her: Wie sieht das Ergebnis aus? Was war erforderlich, um zu diesem Ergebnis gelangt zu sein? Welche Widerstände waren zu überwinden?

- Nehmen Sie sich Redeanteile und lassen Sie sich nicht unterbrechen. Eigentlich weiß jeder, dass Unterbrechen unhöflich ist. Sie sind also immer im Recht, wenn Sie darum bitten, Ihren Gedanken zu Ende bringen zu dürfen.

- Kämpfen Sie die richtigen Schlachten. Suchen Sie sich gezielt einzelne Platzhirsche heraus, mit denen Sie in eine offene Auseinandersetzung gehen. Idealerweise haben Sie das Kampffeld wohl überlegt ausgewählt, so dass Sie die Schlacht gewinnen werden.

- Wer fragt, der führt. Diese Weisheit gilt immer. Steuern Sie die Diskussion durch die richtigen Fragen, nicht durch lange Monologe. Solange die selbst ernannten Führer zu den von Ihnen aufgeworfenen Fragen Stellung beziehen, behalten Sie die Prozesshoheit und bleiben in Führung.

- Wagen Sie es, sich mit eigenen Standpunkten zu exponieren. Legen Sie sich frühzeitig fest, die anderen müssen sich dann daran abarbeiten. Sie setzen den Anker und werden dadurch angreifbar. Ihre Gegenspieler müssen aber erst einmal eine Mehrheit gegen Ihre Position organisieren.

PRO

Karriere: Wenn Sie es schaffen, Ihre Leitungsrolle zunehmend professionell zu interpretieren, wird man das verwundert zur Kenntnis nehmen und feststellen, dass Sie an Ihrer Aufgabe gereift sind. Ein Karriereschub ist absehbar, weil das nur einer formalen Bestätigung Ihrer bereits faktisch gewachsenen Bedeutung entspricht.

Kosten: Hängen Sie sich in die Budgetkontrolle hinein. Hier wird man Ihre Führungsrolle am Ehesten akzeptieren, weil dies eine originäre Rollenerwartung an Projektleiter ist. Gleiches gilt für das Verfolgen der Termine.

Qualität: Eine direkte Klärung von Rollenkonflikten ist eigentlich vielversprechender als auf die Langzeitwirkung dieses informellen Weges zu hoffen. Unter Umständen vergeuden Sie eigene Energie und Teamproduktivität durch das Mitschleppen von unausgesprochenen Differenzen.

Termine: Der informelle Weg kann lange dauern. Es bedarf einiger Meetings, bis Sie sich entgegen vorherrschender Rollenerwartungen einen Status als Leithammel erwerben können. Unter Umständen läuft das Projekt bereits aus dem Ufer, bevor Sie eine stabile Rollenklärung im Team erreicht haben werden.

Fazit: Wann dieser Weg Erfolg verspricht

Der informelle Weg eignet sich für Situationen, in denen die Machtverhältnisse so eindeutig gegen Sie verteilt sind, dass eine offene Ansprache der Differenzen lächerlich wirken oder von der Gegenseite gar nicht zugelassen werden würde. Wenn Sie sich wie ein Führer verhalten, wird man nicht an Ihnen vorbeikommen können. Manchmal sind Worte fehl am Platz: Lassen Sie Taten sprechen.

3 Der direkte Weg: Aussprache suchen

In der Projektarbeit gibt es keine Meinungsneutralität oder Enthaltung. Das bedeutet, wenn keiner widerspricht, geht es weiter wie im Plan vorgesehen. Wenn Sie, wie bei den beiden zuvor beschriebenen Wegen, nicht offen widersprechen, signalisieren Sie Ihren Projektkollegen Zustimmung. In dem dargestellten Projektbeispiel mussten die Mitarbeitenden davon ausgehen, dass ich mit der implizit entstandenen Rollenverteilung einverstanden war, da ich sonst ja widersprochen hätte. Dies gilt vor allem für denjenigen, der - formal zumindest - die Projektleitung innehat.

Theoretisch liegt es auf der Hand, dass man konflikthaltige Themen, spannungsgeladene Situationen, ungeklärte Rollenerwartungen etc. in einem Projektteam offen miteinander bespricht, damit sich das Team gänzlich auf die Bearbeitung der eigentlichen Aufgabe konzentrieren kann. Praktisch beobachte ich allerdings, dass man sich über diese vermeintlich weichen Faktoren der Zusammenarbeit nicht gerne unterhält, den Dingen lieber aus dem Weg geht oder sie stillschweigend ignoriert. Man hat Angst, abgebügelt oder als überempfindlicher Softie wahrgenommen zu werden. Damit verschenken Sie allerdings Leistungspotenzial im Team.

Insbesondere wenn Sie eine unbefriedigende Hierarchieverteilung zum Thema machen wollen, sollten Sie Ihre Einstiegsworte sorgfältig wählen und sich im Voraus über Ihre Gesprächsziele im Klaren sein. Zudem bieten die „5 Stufen für die Ansprache von Konflikten" (siehe Tool „Leitfaden für Konfliktgespräche" auf S. 97) eine Grundstruktur und wichtige Regeln für die Aussprache. Aussprachetechnik ist trainierbar.

PRO

Termine: Der Weg der Aussprache ist direkt, unmittelbar und schnell. Er kann Ihnen helfen, Konfliktfelder zu bearbeiten, bevor sie zum tatsächlichen Problem werden und dann Ihre Projekttermine gefährden.

Kosten: Besser ein Ende mit Schrecken, das Sie gegebenenfalls mit Ihrer Aussprache heraufbeschwören, als Schrecken ohne Ende. Vor sich hinschwelende Rollenkonflikte haben schon so manches Projekt teuer werden lassen, nicht zuletzt, weil sich keiner wirklich verantwortlich fühlte, als es darauf ankam.

Qualität: Eine gut gemachte Aussprache bewirkt die Offenlegung von verdeckten Energiefressern. Hat man im Team eine klare Absprache bezüglich der Rollenverteilung erreicht, ist die Leistungsfähigkeit des Projektteams wirkungsvoll erhöht.

CONTRA

Karriere: Wenn Sie die Aussprache mit Ihrem Chef suchen und dabei die falschen Tasten bedienen, können Sie Misstöne in der Beziehung zu Ihrem Vorgesetzten produzieren, bis hin zum gefühlten Vertrauensbruch. Im wahrsten Wortsinn kann dies zu Ent-Täuschungen führen.

Mein Weg: Aussprache, aber inoffiziell

Als erstes vergegenwärtigte ich mir, was in den beiden ersten Sitzungen eigentlich schief gelaufen war. Hierzu entwarf ich eine Liste mit Beobachtungen, die meiner Einschätzung nach maßgeblich zur Festlegung der sozialen Hierarchie im Projektteam beigetragen hatten (siehe Tool „Vorsicht, Dominanzsignale!" auf S. 95). Mit diesem Wissen in der Hinterhand entschloss ich mich, körpersprachlich mehr Präsenz zu zeigen und die Führungsrolle bewusster auszufüllen.

Eine weitere Hilfe zur Analyse der Rollenverteilung waren für mich die von Dr. Meredith Belbin beschriebenen Teamrollen (siehe Tool „Teamrollen nach Dr. Meredith Belbin" auf S. 98). Mit dieser Liste konnte ich reflektieren, wer in meinem Projektteam welchen Part spielte.

Parallel suchte ich die Aussprache, allerdings nur mit meinem direkten Vorgesetzten und nur in einer inoffiziellen Form. Eine Teamaussprache erschien mir in diesem Fall nicht angemessen zu sein, zumal ich die beiden anderen Häuptlinge so einschätzte, als dass sie sich nicht auf eine explizite und formale Klärung von Rollen in dem Team eingelassen hätten.

Wie es ausging? Mein Vorgesetzter bekannte in unserem Vier-Augen-Gespräch, sich über die Rollenverteilung keine größeren Gedanken gemacht zu haben. Er bestärkte mich in meinem Bemühen, die Leitungsrolle aktiver ausfüllen zu können und hielt sich in Folgesitzungen deutlich stärker zurück. Bei entscheidenden Fragen gab er mir die Gelegenheit, unsere informell im Vorfeld der Besprechungen abgestimmten Positionen in der Gruppe zu vertreten. Ich will nicht ausschließen, dass er ohne mein Wissen noch eine der beiden anderen Führungskräfte für eine veränderte Rollenverteilung sensibilisiert hat.

In jedem Fall kam durch die Aussprache Bewegung in das Machtgefüge unseres Teams. Zusammen mit meinem Willen, die neu gewonnenen Freiheiten auch auszufüllen, gelangten wir schließlich zu einer stabilen Rollenverteilung. Bis zum Leithammel habe ich es in dieser Teamkonstellation zwar nicht geschafft, aber ich wurde immerhin als Mitglied der Offiziersmesse akzeptiert.

1   Jeder bekommt die Rolle, die er verdient. Kämpfen Sie, wenn Sie mit Ihrer Rolle nicht zufrieden sind.

2   Ob Sie es wollen oder nicht: Eine soziale Hierarchie entsteht, sobald zwei Menschen aufeinander treffen, meistens über nicht bewusst gesetzte körpersprachliche Signale. Hier gilt es mitzuhalten.

3   Nur weil Führung drauf steht, ist noch kein Führer drin. Wenn Sie auf der sozialen Hühnerleiter oben stehen wollen, müssen Sie sich auch so verhalten.

4   Machen Sie aus weichen, unausgesprochenen Themen harte Sachverhalte. Dies kann eine Aussprache bewirken. Rollenklärungen sind ein harter Verhandlungsgegenstand.

Die ersten To-Dos und alle gehen in Deckung – was Sie tun können

Das kennt wohl jeder: Es kommt zur Verteilung der Arbeitspakete und keiner fühlt sich verantwortlich. Man schweigt sich an, tut unbeteiligt, wirft Nebelkerzen oder weicht aus. Als Projektleiter habe ich das mit einer 12-köpfigen Projektgruppe erlebt: Den gesamten Vormittag unseres ersten Workshoptags diskutierten wir ergebnislos über die To-Do-Liste, insbesondere die persönlichen Zuständigkeiten. Es herrschte die Stimmung vor: Wer sich zuerst bewegt, hat die Arbeit auf dem Tisch. Keiner wagte sich aus der Deckung, obwohl das Projekt ein Vorstandsauftrag war und ausschließlich mit Managern der ersten und zweiten Führungsebene besetzt war. Nun musste ich mir als Projektleiter während der Mittagspause eine Lösung einfallen lassen. Welche Wege standen mir offen?

Wege zur Lösung

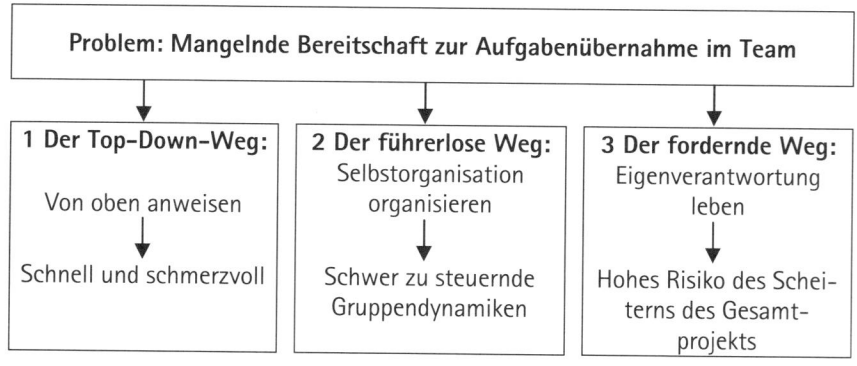

Problem: Mangelnde Bereitschaft zur Aufgabenübernahme im Team

1 Der Top-Down-Weg:	2 Der führerlose Weg:	3 Der fordernde Weg:
Von oben anweisen	Selbstorganisation organisieren	Eigenverantwortung leben
↓	↓	↓
Schnell und schmerzvoll	Schwer zu steuernde Gruppendynamiken	Hohes Risiko des Scheiterns des Gesamtprojekts

1 Der Top-Down-Weg: Von oben anweisen

Der von uns zu bearbeitende Projektauftrag war vom Vorstand erteilt worden. Es sprach also nichts dagegen, sich dem Vorstandswunsch zu beugen und den Projektauftrag auszuführen. Als Projektleiter hatte ich das Mandat, Arbeitspakete zu definieren und diese an die teilnehmenden Projektmitglieder zu verteilen. Hätten sich weiterhin keine Freiwilligen gefunden, hätte ich die Aufgaben anweisen oder beispielsweise nach einem Losverfahren verteilen können.

Bei der Anweisung von Aufgaben sollte ich als Projektleiter Folgendes sicherstellen:

- Die Aufgabenpakete müssen klar umrissen und voneinander abgegrenzt sein. Überschneidungen von Aufgabenstellungen führen zu Kompetenzgerangel und Doppelarbeit.

- Der Zielzustand nach Erledigung der angewiesenen Aufgabe muss definiert sein. Der Appell, Ziele müssen messbar sein, trifft hier nur bedingt zu. Entscheidend ist vielmehr, dass eindeutig feststellbare Indikatoren der Zielerreichung vorliegen.

- Als Projektleiter muss ich explizit abfragen, ob sich die Arbeitsgruppe der angewiesenen Aufgabe auch tatsächlich annimmt und versuchen wird, das beste Ergebnis zu erreichen.

- Die nötigen Ressourcen und die möglichen Hürden und Widerstände sollte ich als Projektleiter möglichst gut antizipieren und bei der Anweisung der Aufgabe berücksichtigen. Kommen aus dem Team Einwände, sollte ich diese ernsthaft auf einen wahren Kern überprüfen.

Welche Folgen das Anweisen haben kann, zeigen hier vor allem die vielen Contra-Punkte.

PRO

Termine: Mit dem Anweisen von Aufgaben entstehen klare Zuständigkeiten. Es wird keine Zeit vergeudet mit langwierigen Prozessen der Selbstorganisation der Projektgruppe: Die Arbeit kann sofort beginnen.

Qualität: Die Qualität der Aufgabenerfüllung wird massiv leiden, wenn die Teilnehmer kein positives Commitment zu ihren Aufgaben entwickeln. Die innere Selbstverpflichtung, eine Projektaufgabe nicht nur abarbeiten, sondern optimal erledigen zu wollen, ist unabdingbar für eine zufriedenstellende Ergebnisqualität.

Karriere: Der Weg, über Anweisungen zu arbeiten, ist mit erheblichen Risiken für das eigene Standing im Unternehmen verbunden. Wenn Sie als Projektleiter starke Persönlichkeiten im Projektteam haben, die sich Ihren Anweisungen offen widersetzen, ist die Gefahr groß, dass Sie diese Auseinandersetzung verlieren und an Akzeptanz einbüßen werden.

Termine: Eine große Gefahr besteht bei dieser Vorgehensweise darin, dass die Mitarbeiter die Bedeutung ihrer jeweiligen Teilaufgabe nicht erkennen und nur scheinbar in die Terminvorgaben einwilligen. Als Projektleiter müssen Sie im Verlauf des Projekts jeden Termin aufwändig kontrollieren und häufig genug den Mitarbeitern nachlaufen, damit überhaupt geliefert wird.

Fazit: Wann dieser Weg Erfolg verspricht

Für mich kommt der Weg des Anweisens nicht in Frage. Die Gefahren und Schwierigkeiten überwiegen den vermeintlichen Vorteil, dass über Anweisungen rascher entschieden und schneller gestartet werden kann. Meiner Erfahrung nach verursacht ein anweisendes Führungsverhalten Widerstände, die im Verlauf der gemeinsamen Arbeit zu Frustration, Demotivation oder internen Konflikten führen. Selbst wenn Sie als Projektleiter die wichtigsten Aufgaben zuweisen können, so werden die Ergebnisse wohl nicht zufriedenstellend ausfallen. Für mich ist es eine notwendige Voraussetzung für produktive Zusammenarbeit, dass alle Beteiligten einen Sinn in der gemeinsamen Aufgabe erkennen und freiwillig zum Leistungskollektiv beitragen.

2 Der führerlose Weg: Selbstorganisation organisieren

Das von mir zu leitende Projektteam bestand aus zwölf hochrangigen Managern des Unternehmens. Es war anzunehmen, dass die Projektmitglieder eine eigene Meinung zu dem Projektgegenstand hatten und in der Lage hätten sein sollen, die unterschiedlichen Ansichten in der Gruppe auszutauschen und zu einer gemeinsamen Position zu gelangen. Und zwar ohne direktive Anweisungen durch mich als Projektleiter.

Als Projektleiter fällt Ihnen bei diesem Weg eine koordinierende Rolle zu. Sie müssen in diesem Fall die Selbstorganisation der Gruppe organisieren. Hierzu ist beispielsweise eine Einladung zu einem Workshop mit sich abwechselnden Kleingruppen- und Plenumsphasen denkbar, die dem Modell des evolutionären 4-Takts von sich selbst organisierenden Systemen folgt (siehe Tool „4-Takt-Modell von sich selbstorganisierenden Gruppen" auf S. 101). Wenn Sie beispielsweise einen Workshop zur Ziel- und Aufgabenfindung organisieren, so bietet es sich an, diesen dem 4-Takt-Modell folgen zu lassen. Vier Phasen der Zielfindung werden dabei wiederkehrend von sich selbst organisierenden Gruppen durchlaufen. Am Ende des Prozesses erhalten Sie ein aus der Gruppe heraus entstandenes Zielverständnis über den Projektauftrag und, je nach Detaillierungsgrad, des Aufgabenumfangs des Projekts und der jeweiligen Zuständigkeiten.

VORSICHT BOMBE!

Sich selbst organisierende Gruppen entwickeln eine Eigendynamik, die Sie als Projektleiter nur schwer steuern können. Gruppenprozesse sind oft untersucht worden mit der Erkenntnis, dass Gruppenentscheidungen keineswegs ideal sind und häufig eine Einigung auf den kleinsten gemeinsamen Nenner bedeuten. Als Projektleiter kann es Ihnen daher passieren, dass am Ende der Auseinandersetzungen ein Minimalkonsens steht, der Ihren Auftraggeber überhaupt nicht zufrieden stellt.

So entschärfen Sie die Bombe
1 Strukturieren Sie mögliche Kleingruppenarbeiten und Diskussionsrunden stark vor. Geben Sie eindeutige Arbeitsanweisungen und skizzieren Sie das erwartete Zielfoto der Arbeitsergebnisse der jeweiligen Untergruppen.
2 Lassen Sie den Kleingruppen nicht übermäßig viel Zeit und sorgen Sie für zeitnahe, wiederkehrende Abstimmungen im Plenum, damit ausufernde Diskussionen oder unerwünschte Eigendynamiken frühzeitig erkannt und im Plenum eingegrenzt werden können.
3 Bestimmen Sie für jede Kleingruppe einen Moderator, mit dem Sie sich eng über Arbeitsziele und Vorgehensweisen abstimmen.

PRO

Qualität: Da die Ziele und die nötigen Teilaufgaben des Projekts von der Gruppe wesentlich mitbestimmt werden, besteht die berechtigte Hoffnung, dass die Projektmitglieder eine hohe Selbstverpflichtung entwickeln, die anstehenden Arbeitspakete in hoher Qualität zu bearbeiten.

Termine: Der Klärungsprozess in selbstorganisierten Gruppen dauert zwar länger, es ist aber zu erwarten, dass das Projekt nach der Klärung ohne Verzug durchgeführt wird.

 CONTRA

Qualität: Wenn die Leistungsbereitschaft der Projektmitarbeiter ohnehin gering ist, besteht im Klärungsprozess die Gefahr einer sich selbst verstärkenden Negativspirale. Wenn es schlecht für Sie läuft, gewinnen die Nörgler im Verlauf der Diskussion die Oberhand, und Sie können den Prozess kaum noch stoppen.

Karriere: Es erfordert erhebliches Selbstbewusstsein, Nerven und ein sicheres Gespür für Gruppenprozesse, diesen Weg erfolgreich zu gestalten. Als Projektleiter sehen Sie hinterher ohnmächtig aus, wenn es Ihnen nicht gelingt, die Risiken der Gruppendynamik zu beherrschen.

Fazit: Wann dieser Weg Erfolg verspricht

Dieser Weg empfiehlt sich nur, wenn Sie erste Erfahrungen in der Arbeit mit Gruppen gesammelt haben. Falls einige Teammitglieder einen Auftrag am liebsten vollständig verweigern wollen, birgt dieser Weg unüberschaubare Risiken. Als Projektleiter müssen Sie in solch einer angespannten Situation durchaus Vertrauen in Ihre Fähigkeiten zur Gruppensteuerung haben, wenn Sie der Gruppe freie Hand bei der Zielspezifikation und der Organisation der Projektarbeit lassen. Das Risiko, dass dieser Weg zu einer Minimalinterpretation des Auftrages führt, mit dem weder das Projektteam, noch Sie als Projektleiter oder die Auftraggeber zufrieden sind, ist hoch.

Andererseits ist die Selbstorganisation von Projektgruppen ein starkes Instrument, insbesondere wenn

■ Freiraum bei der Interpretation der Projektziele („Zielpool") besteht,

- die Aufgabe zu komplex und unüberschaubar für den Einzelnen ist,
- sich das Projektteam aus hervorragenden Experten zusammensetzt,
- die Mitarbeiter grundsätzlich für das Projekt motiviert sind,
- die Stärken jedes Teammitglieds zum Tragen kommen sollen.

3 Der fordernde Weg: Eigenverantwortung leben

Nehmen Sie als Projektleiter nicht alles auf die eigenen Schultern! Dieser Weg sieht vor, dass Sie die Teammitglieder mit in die Pflicht nehmen und sicherstellen, dass sie ihre Verantwortung für das Handeln und Unterlassen des Projektteams explizit übernehmen. Dies gelingt nur, wenn sich jeder Einzelne dem Teamauftrag verschreibt und genau weiß, wie der eigene Leistungsbeitrag für das Kollektiv aussehen muss.

Ein mit der Eigenverantwortung eng verknüpfter Begriff ist die Zurechenbarkeit. Nur bei klaren Verantwortlichkeiten und völliger Transparenz über die Zurechenbarkeit der Ergebnisse zu einem Projektmitglied ist gewährleistet, dass der Einzelne das Beste gibt, zu dem er fähig ist. Doppelte Sicherheitsschleifen, Kontrollen und Korrekturen der Hauptverantwortlichen wirken dabei kontraproduktiv: Nur wenn der Einzelne weiß, dass vom eigenen Leistungsbeitrag der Erfolg des Kollektivs insgesamt abhängt, wird der Einzelne den viel besprochenen Thrill of Empowerment verspüren und sich mit vollem Einsatz für den zugeordneten Teilbereich einsetzen. Eine Projektführung nach diesem Weg ist ein sehr forderndes Vorgehen: Sie geben Eigenverantwortung und verlangen im Gegenzug eine maximale Leistung.

In beeindruckender Weise durfte ich dies in einem Formel-1-Team beobachten, das nicht von einem der großen Automobilhersteller finanziert wurde. Dort war es aufgrund der finanziellen Ausstattung im Team nicht möglich, doppelte und dreifache Qualitätskontrollen und Sicherheitsschleifen durchzuführen. Jeder Mechaniker wusste, dass die eigene Schraube nicht mehr von jemand anderem kontrolliert wurde. Die Teamergebnisse am Rennwochenende und im Extrem sogar das Leben des Piloten hingen also entscheidend von der Sorgfalt und Qualität jedes einzelnen Mechanikers ab. Das Wissen um diese Verantwortung hielt jedes Teammitglied zu Spitzenleistung an, ohne dass es eines kontrollierenden Vorgesetzten bedurfte.

Hand aufs Herz: Das Prinzip der Eigenverantwortung widerstrebt uns als Projektleitern, weil wir fürchten, das uns gesteckte Ziel zu verfehlen, wenn wir der Gruppe zu viel Spielraum geben oder sie sogar über die Annahme oder Ablehnung eines Projektauftrags entscheiden lassen. Echte Eigenverantwortung entsteht aber nur, wenn jeder Einzelne sich freiwillig einer Gruppe anschließt und sich einer Aufgabe aufgrund der selbst erkannten Sinnhaftigkeit verschreibt. Zu Ende gedacht bedeutet dies, dass sich das Projektteam explizit eines Projektauftrags annehmen muss, umgekehrt also auch die Option hat, einen Auftrag abzulehnen. Diese Radikalität eröffnet Ihnen als Projektleiter einen enormen Handlungsspielraum. Scheuen Sie also nicht vor der Sinnfrage zurück. Das Konfliktstufenmodell (siehe gleichnamiges Tool auf S. 102) bietet Ihnen die Struktur zur Zuspitzung von verfahrenen Projektsituationen und bildet die Basis für die Entstehung von Eigenverantwortung.

 PRO

Qualität: Wenn sich ein Projektteam explizit für einen Projektauftrag entscheidet und sich selbst in die Pflicht nimmt, ein Ziel zu erreichen, werden Sie Zeuge von Höchstleistung werden.

Karriere: Gelingt Ihnen das Kunststück, jedes Teammitglied zu aktivieren und mit in die Verantwortung zu nehmen, sind Sie ein echter Führer und nicht nur ein Manager. Sie sind in der Lage, Energie zu mobilisieren und Gruppen in den nächsten Leistungslevel zu führen.

 CONTRA

Kosten: Passen Sie auf, dass die eigenverantwortlich handelnden Projektteile ausreichend koordiniert werden und in ihrer Motivation nicht über das Ziel hinausschießen. Die eigenständige Mehrarbeit könnte Ihre Budgets gefährden.

Karriere: Wenn Sie sich zusammen mit Ihrem Projektteam dafür entschließen, einen Projektauftrag unbearbeitet zurückzugeben oder in seiner Ausgestaltung zu verändern, muss dies sehr gut begründet sein. All zu häufig sollten Sie das nicht tun, sonst gelten Sie bei Ihren Vorgesetzten nicht mehr als verlässlicher Partner.

Fazit: Wann dieser Weg Erfolg verspricht

Der Weg des Einforderns von Eigenverantwortung ist für mich als Projektleiter der einzig mögliche. Als Projektleiter habe ich nicht die Kraft, Nerven und Ressourcen, auf eigenverantwortlich handelnde Mitarbeiter zu verzichten. Ich komme nicht umhin, auf freiwillige Mitarbeit zu setzen und das explizite Commitment der Projektmitglieder zum anstehenden Auftrag zu erhalten.

Wenn es mir zu Beginn einer Projektarbeit nicht gelingt, die Sinnhaftigkeit und Bedeutung der Projektziele zu vermitteln, werde ich im Verlauf des Projekts genau die Schwierigkeiten erleben, die Projekte typischer Weise zum Scheitern bringen. Vielmehr forciere ich mittlerweile die Diskussion um den Sinn der gemeinsamen Aufgabe gleich in der Anfangsphase eines Projekts. Sollte sich eine Mehrheit gegen den anstehenden Projektauftrag ergeben, bin ich nicht bereit, eigene Zeit und Energie zu investieren: Dann wird der Auftrag zurückgewiesen. Andernfalls habe ich eine gemeinsame Basis, auf die ich im Verlauf eines Projekts immer wieder zurückgreifen kann, auch wenn es einmal schwierig wird.

Mein Weg: Zuspitzend, radikal und risikoreich

In der dargestellten Projektsituation war ich durch die unproduktiven Diskussionen des Vormittags unseres ersten Workshoptags wirklich genervt. In der Mittagspause entschied ich mich für den dritten der beschriebenen Wege: Eigenverantwortung leben. Der Projektauftrag war an den Kreis der 12 Führungskräfte ergangen, und ich war als Leiter der Projektarbeit lediglich hinzugezogen worden. Ich war ärgerlich über die Passivität und die geringe Bereitschaft zur Übernahme von Verantwortung bei den anwesenden Führungskräften. Zudem sah ich geringe Chancen, ein qualitativ hochwertiges Projektergebnis abzuliefern, wenn die Mitglieder des Projektteams aus Pflichtbewusstsein gegenüber dem Vorstand lediglich Dienst nach Vorschrift gemacht hätten. Eigentlich blieb mir keine andere Wahl, als die Sinnfrage zu stellen (siehe hierzu auch das Tool „Konfliktstufenmodell" auf S. 102).

Nach der Mittagspause warf ich in die Runde, dass es ehrlicher und sinnvoller wäre, den Projektauftrag unbearbeitet an den Vorstand zurückzugeben. Ich schlug vor, den verbleibenden Nachmittag zur Ausarbeitung einer guten

Begründung zu nutzen und den ursprünglich vorgesehenen zweiten Workshoptag zu stornieren.

Wie es ausging? Nach dieser Ansage entstand eine scheinbar nicht enden wollende Schweigephase. Die Luft war zum Schneiden dick. Das Scheitern des Projektteams war spürbar eine reale Option. Dann äußerte ein Erster seine Bedenken gegen meinen Vorschlag, ein Zweiter schloss sich an. Mehrere brachten Gründe an, warum der Projektauftrag auch sein Gutes hätte und in jedem Fall bearbeitet werden sollte. Schließlich war eine deutliche Mehrheit der Gruppe dafür, den Projektauftrag anzunehmen und die darin enthaltenen Gestaltungschancen aktiv zu nutzen. Der Rest der Gruppe schloss sich der Mehrheitsmeinung an, niemand wollte ausscheren. Danach war es ein Leichtes, die nötigen Teilschritte zu besprechen und Freiwillige für die einzelnen Aufgabenpakte zu finden. Im Verlauf des Projekts stellte niemand mehr die Sinnfrage, weder verdeckt noch explizit. Es fanden sich immer Freiwillige für die Übernahme von anstehenden Aufgaben.

 KLARTEXT: ERSTE TO-DOS – WENN ALLE IN DECKUNG GEHEN

1 Scheuen Sie nicht vor der Sinnfrage zurück. Wenn es keine Freiwilligen für die anstehenden (Teil-)Aufgaben gibt, sind diese vielleicht nicht wichtig genug und bleiben unbearbeitet.

2 Verlieren Sie nicht die Nerven, wenn sich nicht auf Anhieb ein Freiwilliger für die Aufgabe findet. Halten Sie Schweigen aus.

3 Lassen Sie Ihre Mitarbeiter spüren, dass Sie nicht bereit sind, die Kastanien alleine aus dem Feuer zu holen! Eher würden Sie das Projekt scheitern lassen.

4 Nehmen Sie Ihre Mitarbeiter in die Pflicht. Nur wenn der Einzelne weiß, dass das Teamergebnis von ihm abhängt, wird er bereit sein für die Extrameile.

Diese Tools brauchen Sie

Tool	Beschreibung, Stärken/Schwächen	Aufwand Nutzen
Vision, Mission, Ziele	Definitionen, um die Sinnhaftigkeit des Projekts zu klären. Beim Einsatz Rahmenbedingungen beachten! In manchen Situationen ist eine idealisierende Vision nicht glaubwürdig.	●●● ★★★★★
Vorsicht Dominanzsignale!	Checkliste, die Hierarchiesignale erkennbar macht. Hilft, Platzhirsche zu entlarven.	● ★★★
Leitfaden für Konfliktgespräche	Regeln für das richtige Ansprechen von Konflikten. Gute Aussprachetechnik will geübt sein.	●● ★★★★
Teamrollen nach Dr. Meredith Belbin	Modell zur Analyse von Rollenverteilungen. Diese Typen finden sich in jedem größeren Team, Sie werden schmunzeln!	●● ★★★
4-Takt-Modell von sich selbst organisierenden Gruppen	Modell, um die Selbstorganisation einer Gruppe zu organisieren. Erste Erfahrungen bei der Steuerung von Gruppen sollten gegeben sein.	●●● ★★★★
Konfliktstufenmodell	Modell, um Konfliktstufen zu veranschaulichen und Eigenverantwortung sicherzustellen. Gehen Sie einen Schritt zurück, wenn es in der Zusammenarbeit knirscht.	●● ★★★★★

Die mit dem Icon ⊙ gekennzeichneten Tools können Sie im Internet unter www.projektmagazin.de/klartext abrufen.

Die wichtigsten Tools – so funktionieren sie

Vision, Mission, Ziele

Nur wenn die Projektmitglieder die Sinnhaftigkeit des gemeinsamen Auftrags erkennen, werden sie die Bereitschaft entwickeln, Kraft und Energie in ein bestimmtes Thema zu investieren. Liegt Ihnen die Teambildung am Herzen, so sollten Sie auf eine gemeinsame Vision keinesfalls verzichten. Als Erstes sollten Sie sich daher selbst über die Ziele Ihres Projektes im Klaren sein: Legen Sie dabei aber nicht nur die operativen Projekt- und Zwischenziele fest, sondern formulieren Sie auch Ihre Vision und Mission für das Projekt. Eine inspirierende Vision kann Ihre Projektmitarbeiter auf das gemeinsame Ziel einschwören, zum positiven Energieschub für den Start des Projektes werden und bei Durststrecken im Verlauf des Projekts einen motivierenden Ausblick bieten.

- **Vision:** Eine Vision ist ein in der Vorstellung entworfenes Wunschbild, ein positiv besetzter und erstrebenswerter Zustand in der Zukunft. Aus Sicht des jeweils aktuellen Status quo mag eine Vision durchaus ein wenig unrealistisch oder utopisch erscheinen. In jedem Fall handelt es sich nicht um einen kurzfristig und ohne Aufwand zu erreichenden Zustand. Von einer Vision geht Motivationskraft aus, da die Erreichung des Zielzustandes persönlichen Nutzen verspricht. Eine Vision gibt den prägenden Rahmen für die Ziele eines Projektteams, geht aber über die enger zu fassenden Projektziele hinaus, da sie auf den Zweck des Teams verweist. In einer Vision wird der Existenzgrund des Projektteams jenseits kurzfristiger Ziele beschrieben.

  Ein Beispiel: „Wir wollen ein Projektteam aufbauen, auf das man stolz ist und das ein Musterbeispiel für die Zusammenarbeit über Ländergrenzen hinweg darstellt. Unser Projekt soll für unser unverwechselbares Know-How in der Vertriebsorganisation und die Etablierung einer vollständig einheitlichen Vorgehensweise stehen. Wir wollen uns als ein Projektteam etablieren, das sich mit seiner Vorgehensweise, mit seiner Innovationskraft und mit den erzielten Ergebnissen allerhöchste Wertschätzung verdient und unserem Unternehmen zu konkretem Nutzen und langfristigem Erfolg verhilft".

- **Mission:** Wenn es gilt, eine Mission zu erfüllen, muss ein klar umrissener Auftrag erfüllt werden. Im Kirchenlatein steht missio für das Aussenden eines Glaubensboten, abgeleitet aus dem Lateinischen mittere (= entsenden). Die Mission ist in diesem Sinne eine kurze und bündige Formulierung, die dem Missionar die Art und Weise vorgibt, wie er seinen Auftrag auszuführen hat. In diesem Verständnis ist unter einer Projektmission nicht die Beschreibung des Auftrags selbst, sondern die Vorgabe, wie der Auftrag auszuführen ist, zu verstehen. Es handelt sich bei der Mission um die Beschreibung des während der Aufgabenerfüllung zu zeigenden Verhaltens.

  Ein Beispiel: „Wir pflegen sowohl untereinander als auch mit unseren Kunden eine offene, wertschätzende und respektvolle Zusammenarbeit. Jeder Einzelne setzt sich mit Engagement und Ausdauer für die Erreichung unserer gemeinsamen Projektziele ein. Dabei arbeiten wir alle mit Spaß und Freude im Team zusammen."

- **Ziel:** Mit einem Ziel wird ein in der Zukunft liegender Zustand möglichst exakt beschrieben. Es werden spezifische Indikatoren festgelegt, die den Zielzustand charakterisieren und eindeutig feststellbar machen, ob das Ziel erreicht worden ist. Das Projektziel ist, verglichen mit dem aktuellen Status, ein positiv veränderter, erstrebenswerter Zustand. Es markiert den Endpunkt der Teamanstrengungen und des Arbeitsprozesses. In Abgrenzung zur Vision sind Projektziele operativer, realistischer und kurzfristiger. Die Projektziele sollten sich aus der Projektvision ableiten beziehungsweise mit dieser im Einklang stehen.

  Ein Beispiel: „Wir haben innerhalb des letzten halben Jahres eine Vertriebsorganisation für die relevanten Zielmärkte in Mitteleuropa aufgebaut. Für die regionalen Vertriebswege haben wir dabei eine einheitliche Vorgehensweise in ganz Europa verfolgt, welche die Einhaltung der folgende Wert- und Qualitätsvorstellungen garantierte: ..."

Checkliste: Vorsicht Dominanzsignale! ⊙

Die Rollen- und Hierarchieklärung zwischen Menschen vollzieht sich in der Regel implizit und regelrecht automatisch. Treffen zwei oder mehr Menschen aufeinander, so handeln sie ihre soziale Hierarchie über bestimmte Mechanismen aus. Machen Sie sich diese informellen Mechanismen der Rollenklärung bewusst und nutzen Sie dieses Wissen gezielt. Zum einen wird es Ihnen dann gelingen, Dominanz- und Hierarchiesignale Ihrer Gesprächspartner und die Rollenstruktur anwesender Personen besser zu erkennen. Zum anderen können Sie sich, wenn Sie mit Ihrer eigenen Rolle im Team nicht zufrieden sind, diese Mechanismen zu nutzen machen, um sich selbst mehr gemäß Ihrer formalen Leitungsrolle zu verhalten.

- Verbale Signale (Inhalt, Formulierungen etc.):

  Besetzen hoher Redeanteile

  Einfordern von Aufmerksamkeit und Gehör

  Unterbrechen von Gesprächspartnern

  Direktes Widersprechen

  Verwendung von provokativen und konfrontativ-kritischen Aussagen (häufig getarnt in Frageform)

  Verwendung von Ausdrücken, die die Gültigkeit der Aussage feststellen (z. B. „Ich bin mit absolut sicher") oder mit denen sich ein Definitionsrecht verbindet (z. B. „Es gibt keine andere Möglichkeit, als...")

- Paraverbale Signale (Stimmlage, Tonfall):

  Sprechen mit lauter Stimme

  Sprechen mit fester und entschlossener Stimme

- Nonverbale Signale (Mimik, Gestik, Körpersprache):

  Ausdauerndes Halten des Blickkontaktes oder bewusstes Abwenden des Blickes

  Aufrechte Körperhaltung

  Ausholende Gesten und raumgreifende Körpersprache (breite Beinstellung, ausgebreitete Beine im Sitzen, Zurücklehnen des Oberkörpers)

  Abweisende Körpersprache; Abwenden von sprechenden Personen

  Auswahl des „Head-of-the-table" Sitzplatzes oder Auswahl eines Sitzplatzes mit deutlicher Distanz zu anderen Personen

Leitfaden für Konfliktgespräche 🔘

Gibt es verdeckte (Rollen-)Konflikte in Ihrem Projekt, so besteht ein möglicher Weg darin, die direkte Aussprache zu suchen und konflikthaltige Themen anzusprechen.

5 Stufen für die Ansprache von Konflikten

1 Thema benennen

- Sprechen Sie das Thema neutral an.
- Sprechen Sie nur über Fakten. Bleiben Sie sachlich und objektiv.
- Stellen Sie die Situation so präzise und korrekt wie möglich dar.
- Nehmen Sie keine Interpretation oder Bewertung der Situation vor.

2 Eigene Sichtweise darstellen

- Beschreiben Sie, wie sich die Situation aus Ihrer Sicht darstellt.
- Beschreiben Sie Ihre eigenen Empfindungen in Ich-Botschaften.
- Machen Sie Ihrem Gesprächspartner keine Vorwürfe. Unterlassen Sie persönliche Angriffe und verdeckte Anspielungen.
- Reiten Sie nicht auf Nebensächlichkeiten herum und verlieren Sie sich nicht in Details.

3 Sichtweise des Gesprächspartners erfragen

- Lassen Sie Ihren Gesprächspartner ausführlich Stellung nehmen.
- Erfragen Sie die Gründe für das Verhalten Ihres Gesprächspartners.
- Stellen Sie viele offene Fragen. Hören Sie aktiv zu.
- Reagieren Sie bei Ausflüchten Ihres Gesprächspartners nicht mit Vorwürfen, sondern stellen Sie weiterhin offene Fragen und versuchen Sie den Sachverhalt genau zu ergründen.

4 Lösungen verhandeln und Spielregeln festlegen

- Stellen Sie dar, was Ihre Wünsche für die zukünftige Zusammenarbeit sind.
- Geben Sie keine Lösungen oder Maßnahmen vor. Entwickeln und verhandeln Sie Lösungen gemeinsam.
- Einigen Sie sich auf Spielregeln für das gemeinsame Miteinander.

5 Vereinbarungen und positiven Abschluss finden

- Halten Sie im Gespräch Vereinbartes eindeutig fest.
- Finden Sie einen positiven Abschluss für Ihr Gespräch.

Teamrollen nach Dr. Meredith Belbin

Wer spielt welche Rolle in meinem Projektteam? Wer neigt zur Dominanz, wen muss ich mehr aus der Reserve locken? Welche verdeckten Stärken kann ich erkennen und fördern? Zur Beantwortung dieser und ähnlicher Fragen sind mir die Arbeiten von Dr. Meredith Belbin sehr hilfreich. Der englische Teamforscher analysierte das Verhaltensmuster von Teammitgliedern und identifizierte so neun verschiedene Teamrollen. Diese fasste er in einem Modell zusammen, mit dessen Hilfe sich gut reflektieren lässt, wer in Ihrem Projektteam welchen Part spielt.

Nach Belbin arbeiten Teams dann besonders effektiv, wenn sie aus einer Vielzahl heterogener Rollentypen bestehen, wobei er in seiner Gliederung drei Hauptorientierungen unterscheidet, welche wiederum jeweils drei der neun Teamrollen umfassen:

drei handlungs-orientierte Rollen	drei kommunikations-orientierte Rollen:	drei wissens-orientierte Rollen:
Shaper	Co-Ordinator	Plant
Implementor	Teamworker	Monitor Evaluator
Completer	Resource Investigator	Specialist

Übersicht: Hauptorientierungen und neun Teamrollen

Shaper: Der Macher

Der Macher ist dynamisch, energiegeladen und steht häufig unter Druck. Er lehnt unklare und ungenaue Angaben und Aussagen ab und konzentriert sich auf die wesentlichen Kernprobleme. Er übernimmt schnell und gerne die Verantwortung, sorgt für eine rasche Entscheidungsfindung und veranlasst, dass Aufgaben erledigt werden. Macher neigen allerdings zu Provokation und geraten leicht in Streit mit ihren Teamkollegen. Zudem können sie durch ihr hektisches Auftreten für Unruhe im Team sorgen.

Implementor: Der Umsetzer

Der Umsetzer ist zuverlässig und diszipliniert und arbeitet systematisch. Er setzt abstrakte Konzepte strukturiert in operative Pläne und praktische Ansätze um. Implementoren benötigen stabile Strukturen und arbeiten daher auch an deren Aufbau. Sie stehen Veränderungen jedoch eher kritisch gegenüber und reagieren auf neue Lösungsvorschläge und Ansätze oft unflexibel.

Completer: Der Perfektionist

Der Completer ist perfektionistisch, genau, zuverlässig und eher ängstlich. Er sorgt für eine genaue Zeiteinhaltung und die Vermeidung von Fehlern. Perfektionisten achten sehr genau auf Details, haben aber auch oft Angst, dass etwas übersehen wird. Daher sind sie oft überängstlich und überprüfen und kontrollieren lieber alles persönlich, als etwas zu delegieren oder anderen zu vertrauen.

Co-Ordinator: Der Koordinator

Der Koordinator ist selbstsicher, entschlussfreudig und kommunikativ. Er koordiniert den Arbeitsprozess und setzt Ziele und Prioritäten. Koordinatoren achten auf die Einhaltung von Ziel- und Zeitvorgaben und delegieren gezielt Aufgaben. Von Kollegen wird der Koordinator allerdings oft als manipulierend empfunden, was dazu führen kann, dass sie sich insbesondere auf der persönlichen Ebene von ihm entfernen. Verstärkt wird dies durch den Umstand, dass er dazu neigt, auch persönliche Aufgaben zu delegieren.

Teamworker: Der Teamarbeiter

Teamworker sind sympathisch, beliebt und kennen oft auch die privaten Hintergründe ihrer Kollegen. Sie sorgen für ein angenehmes Arbeitsklima und Harmonie. Teamarbeiter verfügen über diplomatische Fähigkeiten und sind daher insbesondere in Konfliktsituationen bedeutend. Sie vermeiden allerdings Rivalität und neigen in kritischen Situationen dazu, sich nicht zu positionieren und Entscheidungen anderen zu überlassen.

Resource Investigator: Der Wegbereiter

Der Wegbereiter ist extrovertiert, enthusiastisch und kommunikativ. Er findet schnell Kontakt zu anderen und ist gesellig. Es fällt ihm leicht, Kontakte zu Ressourcen außerhalb des Teams aufzubauen und diese zu nutzen. Wegbereiter sind allerdings oft zu optimistisch und verlieren nach anfänglichem Enthusiasmus leicht das Interesse und Engagement.

Plant: Der Erfinder

Der Erfinder ist kreativ und eher introvertiert. Er bringt neue und ungewöhnliche Ideen und Strategien ein und sucht nach alternativen Lösungswegen. Er ist in der Lage, auch für schwierige Problemstellungen Lösungen zu finden. Er neigt jedoch dazu, Details und Nebensächlichkeiten zu ignorieren, so dass ihm in der Folge oft Flüchtigkeitsfehler unterlaufen. Darüber hinaus ist er eher schwer kritikfähig.

Monitor Evaluator: Der Beobachter

Der Beobachter ist strategisch, analytisch und eher introvertiert. Er ergreift selten das Wort und verschafft sich lieber aus der Distanz einen guten Überblick. Der Beobachter berücksichtigt alle relevanten Möglichkeiten und verfügt über ein gutes Urteilsvermögen. Aufgrund mangelnder Begeisterung ist er allerdings kaum in der Lage, andere zu motivieren und kann von Teamkollegen als überskeptisch und herablassend empfunden werden.

Specialist: Der Spezialist

Der Spezialist ist engagiert und auf den fachlichen Teil eines Themas konzentriert. Er verfügt über umfangreiches Expertenwissen und Fähigkeiten, an denen es den anderen Teammitgliedern fehlt. Spezialisten neigen jedoch dazu, sich in technischen Einzelheiten zu verlieren und leisten eher nur informative Beiträge.

4-Takt-Modell von sich selbst organisierenden Gruppen

Wenn in Ihrem Projektteam eine mangelnde Bereitschaft zur Aufgabenübernahme herrscht, so können Sie zur Lösung dieser Situation den „führerlosen Weg" einschlagen und die Selbstorganisation der Gruppe organisieren. Wenn Sie beispielsweise einen Workshop zur Ziel- und Aufgabenfindung organisieren, so bietet es sich an, diesen dem 4-Takt-Modell von sich selbst organisierenden Gruppen folgen zu lassen.

Die folgenden Phasen werden dabei wiederkehrend von sich selbst organisierenden Gruppen durchlaufen und sollten gezielt durch den Projektleiter unterstützt werden:

1   Offenlegung der unterschiedlichen Zielvorstellungen: Alle Teammitglieder müssen aktiviert werden, ihre eigenen Zielvorstellungen einzubringen und den anderen Teammitgliedern gegenüber offenzulegen. Dieser Phase kommt besondere Bedeutung zu, wenn Sie über einen gewissen Freiraum bei der Definition der Projektziele verfügen und Sie daher das kreative Potenzial der Gruppe zur Entwicklung eines möglichst großen „Zielpools" optimal nutzen sollten.

2   Zuspitzung von gegensätzlichen Zielvorstellungen: Die unterschiedlichen Ziele der Teammitglieder müssen in streitbare Konkurrenz zueinander gebracht werden. Denn das Aneinandergeraten und Konkurrieren von Zielen in einem Team ist keine Selbstverständlichkeit. Es ist etwas, was immer wieder hergestellt und bewahrt werden muss. Nur wenn unterschiedliche Positionen und Vorstellungen explizit einander gegenüber gestellt werden, können die Konflikte auch bewusst entschieden werden.

3   Selektion von Zielen: In der Selektionsphase werden die zuvor zugespitzten (Ziel-) Konflikte entschieden. Es gilt eine Entscheidung herbeizuführen, welche Zielvorstellungen sich in der Gruppe durchsetzen können und auf welche gemeinsamen Ziele man sich festlegt. Bleibt diese bewusste Selektion aus oder kommt es zu nicht sauber getroffenen Entscheidungen, so bestehen die Konflikte unterschwellig weiter und hindern das Team an einem gezielten Vorgehen.

4   Stabilisierung der Ziele: Haben alle Teammitglieder die gewählten Ziele anerkannt, müssen die ausgewählten Ziele in der Praxis erprobt und verfolgt werden. Dadurch werden die gewählten Ziele automatisch einer Be-

währungsprobe unterzogen. Sobald sich durch das Erleben von Erfolg oder Misserfolg veränderte Ziele abzeichnen, können die vier Phasen erneut durchlaufen werden.

Als Projektleiter greifen Sie bei diesem Weg kaum inhaltlich ein, sondern unterstützen und moderieren die Selbstorganisation der Gruppe. Achten Sie allerdings darauf, Kleingruppenarbeiten und Diskussionen möglichst stark zu strukturieren und geben Sie eindeutige Anweisungen zu den Arbeitsergebnissen der Untergruppen. Denkbar ist beispielsweise eine Workshop-Organisation mit sich abwechselnden Kleingruppen- und Plenumsphasen, die den Takten des Modells folgen. Mit dieser Struktur stellen Sie sicher, dass Kleingruppendiskussionen nicht ausufern und zudem alle Phasen sauber durchlaufen werden. Am Ende der dritten Phase erhalten Sie ein aus der Gruppe heraus entstandenes Zielverständnis über den Projektauftrag und, je nach Ihrer vorherigen Aufgabenstellung für die Gruppe auch zu erledigende Aufgaben und die jeweiligen Zuständigkeiten.

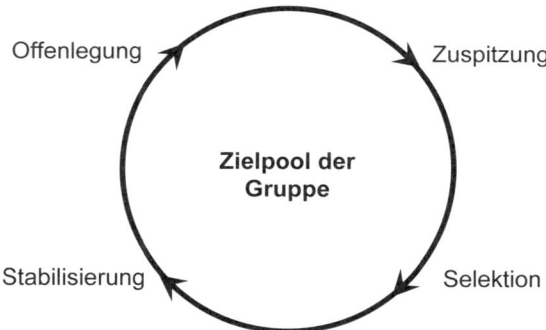

Abbildung: 4-Takt-Modell

Konfliktstufenmodell

Echte Eigenverantwortung Ihres Projektteams kann nur entstehen, wenn jedes Teammitglied sich freiwillig dem Projekt anschließt und sich dem Projektziel sowie den anfallenden Aufgaben verschreibt. Zu Ende gedacht bedeutet dies, dass das Projektteam bewusst einen Projektauftrag annehmen muss. Dadurch entsteht im Umkehrschluss die Option, einen Auftrag auch ablehnen zu können. Machen Sie sich diese radikale Option bewusst, denn sie ermöglicht Ihnen als Projektleiter einen großen Handlungsspielraum. Scheuen Sie also nicht vor der Sinnfrage zurück. Das Konfliktstufenmodell bietet Ihnen hierfür die Struktur zur Zuspitzung von verfahrenen Projektsituationen:

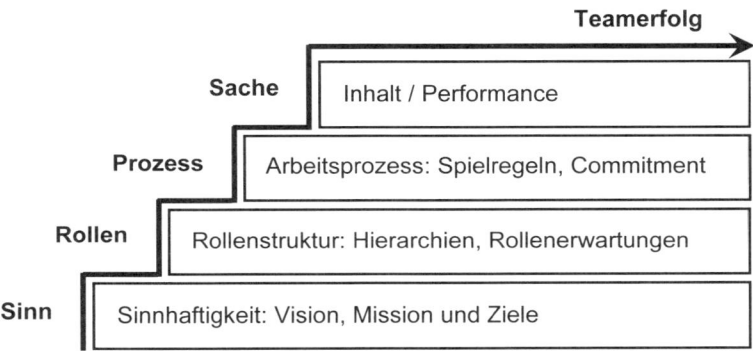

Abbildung: Konfliktstufenmodell

Treten in Ihrem Projekt in der Zusammenarbeit mit Ihren Projektmitarbeitern Konflikte oder Schwierigkeiten auf, so bietet das Konfliktstufenmodell Ihnen die Möglichkeit zu reflektieren, auf welcher Ebene die Problemursache liegt.

Die unterste Stufe, also die Basis der gesamten Zusammenarbeit, bildet in diesem Modell die Sinnhaftigkeit Ihres Projektauftrages. Wenn Sie also keine Freiwilligen für die anstehenden Arbeitsaufträge finden, so scheuen Sie nicht davor zurück, die Situation zuzuspitzen und die Sinnfrage zu stellen. Vielleicht sind einzelne Teilaufgaben nicht wichtig genug und bleiben daher unbearbeitet oder der gesamte Projektauftrag erscheint Ihren Mitarbeitern nicht sinnvoll, so dass sie ihn lieber unbearbeitet zurückgeben wollen. Sie können Ihrem Projektteam die Sinnhaftigkeit und Ihre Vision für den Projektauftrag vermitteln (siehe hierzu das Tool „Vision, Mission, Ziele" auf S. 94). Letztlich muss jedoch jedes Mitglied Ihres Projektteams eigenverantwortlich entscheiden, ob er den Projektauftrag und die anfallenden Aufgaben für sinnvoll erachtet und daher bewusst annehmen möchte.

Aber auch in anderen Situationen kann das Modell helfen: Gibt ein Projektmitarbeiter Ergebnisse häufig verspätet ab oder kommt er zu Ihren Projektmeetings stets unpünktlich? Spielen sich die Schwierigkeiten also vornehmlich auf der Prozessebene ab? Dann erforschen Sie die Ursache für das gezeigte Verhalten anhand des Stufenmodells von oben nach unten. Vielleicht ist Ihrem Mitarbeiter die Spielregel der rechtzeitigen Abgabe von Arbeitsaufträgen und des pünktlichen Erscheinens zu Ihren Meetings gar nicht bewusst. Treten die besagten Schwierigkeiten jedoch nach einer Klärung der Spielregeln immer noch auf, so spricht dies für Probleme auf einer der unteren Stufen: Vielleicht akzeptiert Ihr Mitarbeiter Sie nicht als Vorgesetzten oder er sieht keinen Sinn in der Bearbeitung der ihm zugeteilten Aufgaben.

3 Mitarbeiter steuern und zur Höchstleistung führen

Als Projektleiter werden Sie die meiste Zeit über partnerschaftlich, verständnisvoll und vielleicht auch freundschaftlich mit Ihren Mitarbeitern zusammenarbeiten. Es gibt allerdings Situationen im Projekt, in denen Sie Führung zeigen müssen.

- Das sind z. B. Phasen, in denen Mitarbeiter die Erwartungen nicht erfüllen: Wie erkennen Sie Minderleister in Ihrem Team und wie gehen Sie mit ihnen um?

- Wie erkennen Sie die üblichen Spielchen von Mitarbeitern, mit denen diese von eigener Nicht- oder Minderleistung abzulenken versuchen, und was sollten Sie dabei als Führungskraft in jedem Fall tun bzw. bleiben lassen?

- Führung wird von Ihnen auch verlangt, wenn Sie mit Ihrem Projektteam mehr als Durchschnittsleistungen erreichen wollen: Sie benötigen individuelle Höchstleistung und maximale Einsatzbereitschaft? So können Sie als Projektleiter vorgehen.

- Sie sollen oder wollen als Projektleiter die Mitarbeiter während des Projekts individuell fördern und weiterentwickeln? So funktioniert es.

Minderleister: Wie Sie sie erkennen und aktivieren

 DAS SZENARIO

Von Beginn an hatte ich ein schlechtes Gefühl, das sich später als berechtigt herausstellte. Ich war neu an ein Institut gekommen und sollte eine Gruppe von neun Forschern in einem Forschungsprogramm koordinieren. Jeder von uns hatte eigenverantwortlich ein zugeordnetes Großunternehmen nach einer vorgegebenen Struktur zu untersuchen. Zu meinen Aufgaben gehörten die Abstimmungskoordination, die Qualitätskontrolle und die Zusammenführung der Ergebnisse der Einzelprojekte. Jeder der beteiligten Forscher wollte offensichtlich möglichst autark vor sich hin arbeiten; meine Koordinations- und Kontrollfunktion war eher unerwünscht. Obwohl alle in den ersten Besprechungen einen engagierten Eindruck hinterließen, gab es erste Indizien und zudem Aussagen meines Vorgesetzten über Teammitglieder, die nicht bereit waren, mehr als Dienst nach Vorschrift zu machen. Wie aber sollte ich diese sicher und möglichst schnell aufspüren und dann mit ihnen umgehen?

Wege zur Lösung

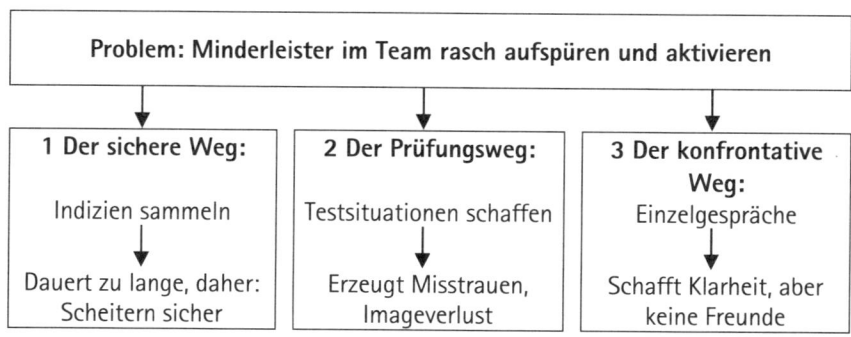

Problem: Minderleister im Team rasch aufspüren und aktivieren		
1 Der sichere Weg:	**2 Der Prüfungsweg:**	**3 Der konfrontative Weg:**
Indizien sammeln	Testsituationen schaffen	Einzelgespräche
Dauert zu lange, daher: Scheitern sicher	Erzeugt Misstrauen, Imageverlust	Schafft Klarheit, aber keine Freunde

1 Der sichere Weg: Indizien sammeln

Dieser Weg ist wohl die von uns am häufigsten gewählte Variante, wenn man sich nicht sicher ist, ob jemand ein Minderleister ist oder nicht: Erst einmal abwarten, die Person unter Beobachtung stellen und Beispiele für Minderleistung sammeln. Ist das „Sammelmarkenheftchen" voll, kommt es zum Gespräch mit dem Mitarbeiter. In dem Gespräch werden dem Mitarbeiter alle Indizien vorgehalten, die auf eine Minderleistung hindeuten. Eigentlich geht es darum, zu beweisen, dass der Projektleiter recht hat mit der Annahme, dass Minderleistung vorliegt. Solche Gespräche laufen zwangsläufig in eine Richtung: Anklage und Gegenklage, von Lösungsorientierung keine Spur. Während das Kritikgespräch für den Mitarbeiter aus heiterem Himmel kommt, vertritt der Projektleiter seinen Standpunkt gut vorbereitet. Es handelt sich zumeist nicht um einen Dialog; eigentlich steht die Meinung des Projektleiters bereits fest. Fügt sich der Mitarbeiter nicht den Ansichten des Projektleiters, läuft die Beziehung auf Trennung hinaus. Die Nachteile dieses Weges liegen auf der Hand:

CONTRA

Termin: Bis Sie ausreichend Indizien gesammelt haben, dass ein Projektmitglied ein Minderleister ist, ist das Projekt bereits am Abgrund. Wahrscheinlich wird es bereits zu Terminverzögerungen gekommen sein, bevor Sie den Minderleister identifiziert haben werden. Bis zum Scheitern des Gesamtprojekts ist es dann nur noch ein kleiner Schritt.

Kosten: Diesem Weg zufolge warten Sie als Projektleiter so lange, bis die ersten Schwierigkeiten fassbar geworden sind. Diese dann zu korrigieren und sich eine neue Person für den schlecht erledigten Aufgabenbereich zu suchen, dauert und kostet Geld.

Qualität: Während der Projektlaufzeit bis zur Identifikation der Minderleister arbeiten Sie mit einem nicht optimalen Team. Diesen Zeit- und Qualitätsverlust wieder aufzuholen wird kaum möglich sein. Der Umgang mit Minderleistern erfordert mitten im Projekt Ihre Aufmerksamkeit und zieht Energie aus dem Team ab. Es wird dauern, bis Sie danach ein Hochleistungsteam installiert haben werden.

Fazit: Wann dieser Weg Erfolg verspricht

Dieser Weg könnte auch heißen: Durchwurschteln oder Hoffen & Bangen, dass alles gut geht. Wenn Sie warten, bis das Kind erst in den Brunnen gefallen ist, werden Sie zu viel Kraft und Energie aufwenden müssen, um das Projekt noch zu retten. Ich rate dringend von diesem Weg ab.

Neben der Gefährdung der Projektziele und -termine ist dieser Weg auch aus einem weiteren Grund fragwürdig: Er ist weder transparent noch fair gegenüber den Mitarbeitern. Er erinnert an alte Schulzeiten, in denen der Lehrer ein halbes Jahr lang Notizen über die Schüler machte, bis es dann am Zeugnistag zur persönlichen Abrechnung kam. Mit moderner Personalführung hat das nichts zu tun.

Seien Sie als Projektleiter ein aufmerksamer Beobachter Ihrer Mitarbeiter, aber suchen Sie danach auch unmittelbar das persönliche Gespräch. Es geht in einem Gespräch mit einem Minderleister nicht um Beweisführung oder einen Indizienprozess, sondern darum, die Meinung des Mitarbeiters zu einem aufgetretenen Fehlverhalten zu erfahren und anlässlich der erkannten Schwierigkeiten verbesserte Vorgehensweisen für die zukünftige Zusammenarbeit festzulegen.

2 Der Prüfungsweg: Testsituationen schaffen

Drum prüfe, wer sich lange bindet – diese Empfehlung des Volksmundes ist auch das Prinzip, das dem Prüfungsweg zu Grunde liegt. Um möglichst frühzeitig Minderleister im Team aufzuspüren, bietet es sich an, nicht erst zu warten, bis die Nicht- oder Minderleistung auftritt, sondern bereits zu Beginn der Zusammenarbeit Situationen zu schaffen, anhand derer Sie sich als Projektleiter eine fundierte Meinung über die Leistungsfähigkeit der einzelnen Teammitglieder verschaffen können.

Die Grundidee dieser Vorgehensweise ist die der Arbeitsprobe. Sie konfrontieren jedes Projektmitglied mit Aufgaben, die en miniature den tatsächlichen Verantwortungsbereich repräsentieren. Beispiele für solche Aufgaben: Der verantwortliche Mitarbeiter...

- erstellt für Sie als Projektleiter eine Übersicht über den geplanten Prozess der Dokumentation der Projektergebnisse.

- hält eine Präsentation über die Projektziele vor dem eigenen Team.

- diskutiert mit Ihnen die Vor- und Nachteile von alternativen Auswertungsmethoden für die statistischen Analysen und Datenaufbereitungen.
- erläutert Ihnen die eigene Argumentationslinie und berichtet von zu erwartenden Widerständen für die Abstimmungen mit der Mitarbeitervertretung.

Mit ein wenig Phantasie lassen sich für jeden Verantwortungsbereich in einem Projekt entsprechende Testsituationen schaffen, anhand derer Sie sich rasch und valide eine Meinung über die Leistungsfähigkeit der Teammitglieder verschaffen können. Die erkannten Leistungs- und Kompetenzdefizite können Sie dann gezielt fördern, auch während der laufenden Projektarbeit.

VORSICHT BOMBE!

Niemand wird gerne getestet, schon gar nicht gestandene und erfahrene Experten. Sollten Sie zu offenkundig mit den Arbeitsproben verfahren oder sogar von Tests und Leistungsüberprüfungen sprechen, kann es Ihnen passieren, dass einige diese Prozedur ablehnen oder sich dem Projekt gänzlich verweigern.

So entschärfen Sie die Bombe

1 Sprechen Sie nicht von Testsituationen, sondern bauen Sie die Arbeitsproben als Teil der nötigen Aufgaben mit in die Projektarbeit ein.
2 Stellen Sie Aufgaben, die kurzfristiger Natur sind, nicht zu viel Vorbereitungsaufwand bedeuten und in plausiblem Zusammenhang mit dem tatsächlichen Verantwortungsbereich des Teammitglieds stehen.

PRO

Termine: Sie haben mit diesem Weg eine reale Chance, Minderleister aufzuspüren. Wenn Sie dann rasch reagieren –sie also gezielt unterstützen oder aus dem Projektteam entfernen –, bleibt der Schaden begrenzbar.

Qualität: Geschickt gestellte Testaufgaben helfen im Planungsprozess und unterstützen die Mitarbeiter bei der späteren Umsetzung. Das Besprechen einer geplanten Vorgehensweise beispielsweise bietet zusätzlich einen Coachingnutzen.

 **CONTRA**

> **Karriere:** Sie machen über die Testsituationen Defizite von Mitarbeitern transparent. Nicht jedem schmeckt das. Unter Umständen wollen Sie sich als Ergebnis der Überprüfung von einzelnen Personen trennen. All dies verschafft Ihnen keine Freunde.

Fazit: Wann dieser Weg Erfolg verspricht

Als Projektleiter sollten Sie in jedem Fall darum bemüht sein, mögliche Minderleister in Ihrem Team frühzeitig zu erkennen. Gefahr erkannt – Gefahr gebannt. Von nicht oder zu spät identifizierten Minderleistern geht ein erhebliches Risiko für das Projekt aus.

Insbesondere sollten Sie diesen Weg beschreiten, wenn

- Sie das Team nicht selbst zusammengestellt haben beziehungsweise

- Ihnen die Teammitglieder nicht aus längerer Zusammenarbeit bekannt sind,

- Sie aufgrund der Vielschichtigkeit des Projekts auf eine eigenständige Performance der Teilverantwortlichen angewiesen sind und

- Sie keine Möglichkeiten haben, aufgetretene Fehlleistungen mit überschaubarem Aufwand zu korrigieren.

3 Der konfrontative Weg: Einzelgespräche führen

Wenn Sie den Weg der Arbeitsprobe geschickt gehen, können Sie auf verdeckte Weise zu den gewünschten Erkenntnissen über Ihre Mitarbeiter gelangen. Deutlich direkter und konfrontativer ist dagegen dieses Vorgehen: Sie führen mit jedem Teammitglied zu Projektbeginn Einzelgespräche und ergründen dessen Fachkompetenz, vor allem aber dessen Einstellung und Motivation für die anstehende gemeinsame Arbeit.

Mit der Zeit habe ich gelernt, solche Einzelgespräche in direkter Form zu führen. Als hilfreich erwiesen haben sich offene, zum Teil auch provokante oder konfrontative Fragen (siehe Tool „Fragen für Einzelgespräche zu Projektbeginn" auf S. 53). Grundsätzlich gilt: In der Kürze liegt die Würze. Sie brauchen nur wenige Fragen, um ein Gespräch gezielt auf die potenziellen Konfliktpunkte zu bringen.

Eine Analysehilfe zur Auswertung der Einzelgespräche stellt die Value-Result-Matrix (siehe gleichnamiges Tool auf S. 54) dar. In diese Matrix können Sie alle Teammitglieder zur besseren Übersicht einsortieren. Die Personen, die fachlich nicht optimal sind, lassen sich vielleicht noch ausbilden oder einfacheren Aufgaben zuordnen. Wirklich problematisch sind die Mitarbeiter, die aufgrund ihrer Werthaltung und Einstellung zum Projekt fraglich sind. Sie stellen für mich die ernsthafte Bedrohung des Projekts dar und bedürfen besonderer Aufmerksamkeit: Hier muss der Projektleiter Zeit und Kraft investieren, um in Gesprächen entweder doch noch eine gemeinsame Basis für das Projekt zu finden oder eine Trennung herbeizuführen.

Der entscheidende Erfolgshebel? Sie ersparen sich aufwändiges Micromanagement der vermeintlichen Minderleister. Früher waren Sie als Projektleiter gefordert, Aufgaben anzuweisen, Termine zu setzen, Kontrollen durchzuführen und informell eigene Reportings für einzelne Mitarbeiter zu führen. Nach dem Commitment-Prinzip, also dem expliziten Einfordern der eigenen Leistungsverpflichtung des Mitarbeiters für das Projekt, setzen Sie auf die Wahlfreiheit des Mitarbeiters (mehr dazu auf S. 89, „Eigenverantwortung leben"). Dabei muss dem Mitarbeiter klar sein, dass sein Verbleiben im Projekt nur unter der Bedingung einer positiven Einstellung akzeptabel ist.

PRO

Qualität: Sie suchen mit jedem Mitarbeiter zu Beginn der Projektarbeit das Einzelgespräch und erkennen dadurch die persönlichen Defizite und Risiken, die dem Projekt daraus erwachsen können. Bei fachlich schwachen Mitarbeitern können Sie frühzeitig intervenieren und qualitative Unterstützung organisieren.

Termine: Die Zeit für die Einzelgespräche ist in jedem Fall gut investiert. Sie sind enger an den Mitarbeitern und können Terminrisiken frühzeitig identifizieren.

Karriere: Sie lassen durch die Zielstrebigkeit Ihrer Fragen ein forderndes Führungsverständnis erkennen und machen indirekt Ihre hohen Erwartungen deutlich. Sie geben sich nicht mit durchschnittlichen Ergebnissen zufrieden, sondern streben nach Spitzenleistung. Man wird Sie als Führungskraft anerkennen.

Karriere: Wer fragt, der führt. Die alte Weisheit machen Sie sich mit diesem Weg zu Nutze, aber nicht jeder wird das zu schätzen wissen. Vielleicht haben Sie Experten in Ihrem Team, die erfahrener und kompetenter sind als Sie. Diesen wird Ihr direktes Vorgehen nicht gefallen; Widerstandsbildung nicht ausgeschlossen.

Fazit: Wann dieser Weg Erfolg verspricht

Die Zeit für Einzelgespräche zu Beginn der gemeinsamen Projektarbeit sollte immer da sein. Nutzen Sie die Gespräche, um rasch auf die Themen zu sprechen zu kommen, welche im Verlauf des Projekts problematisch werden könnten. Scheuen Sie dabei nicht vor konfrontativen Fragen zurück. Sie helfen, um die Phase der freundlich-fassadenhaften Kommunikation schnell zu überwinden und die Gespräche individuell und effizient zu machen.

Mein Weg: Viel zu passiv und zaghaft

Rückblickend betrachtet bin ich viel zu vorsichtig an meine Aufgabe herangegangen. Als Neuling an dem Institut wollte ich zunächst niemandem auf die Füße treten, der konfrontative Weg schied für mich also aus. Ich führte zwar in den ersten Wochen mit jedem der neun anderen Forscher mindestens ein Einzelgespräch, diese plätscherten jedoch viel zu sehr dahin. Die zum Teil sehr erfahrenen Kollegen nutzen die Dialoge, um mir auf ihre jeweilige Art zu verstehen zu geben, dass sie kompetent genug seien, ihren Teilbereich alleine zu verantworten: Meine Hilfe oder Einmischung? Unerwünscht.

Trotz der warnenden Worte meines Vorgesetzten und erster Anzeichen, dass nicht alle Teilprojektleiter gleich gut voran kamen, ging ich viel zu passiv und zaghaft mit den Leistungsabweichungen um. Wie es ausging? Letztendlich hatte nur die Hälfte der Forscher das gesteckte Ziel mit eigener Kraft erreicht, dreien konnte mit vereinten Kräften über die Ziellinie geholfen werden, zwei waren Totalausfälle. Definitiv kein Erfolg für mich als Gesamtverantwortlicher.

Was ich daraus zum Umgang mit Minderleistern gelernt habe?

- Heute lege ich in der Startphase mehr Wert auf eine eigene Diagnose der Leistungsfähigkeit der Mitarbeiter; der Prüfungsweg hat mir dazu schon gute Dienste geleistet.

- Ich nehme mir zu Beginn der Zusammenarbeit immer die Zeit für Einzelgespräche. Diese führe ich mittlerweile deutlich offensiver, etwas provokant und schneller zum Punkt.

- Mangelhafte Leistungen spreche ich unmittelbar an und ergründe durch direkte Konfrontation die Ursachen.

- Bei Minderleistung handle ich nach der Ursachenanalyse rasch: Entweder findet sich eine gemeinsame Basis für die weitere Zusammenarbeit, dann erhält der Mitarbeiter jede Unterstützung, die ich aufbieten kann, oder es kommt zur Trennung.

KLARTEXT: MINDERLEISTER AUFSPÜREN UND AKTIVIEREN

1 Testen Sie Ihre Mitarbeiter zu Beginn des Projekts. Trauen Sie dabei (nur) Ihren eigenen Augen und Ohren.

2 Kürzen Sie das Schön-Wetter-Segeln in Einzelgesprächen ab und kommen Sie direkt auf die konfliktträchtigen Themen zu sprechen.

3 Reduzieren Sie gegenüber Minderleistern nicht Ihre Erwartungshaltung, sonst demotivieren Sie Ihre Top-Leister und das Teamniveau sinkt rapide.

4 Love it, change it, or leave it: Findet sich keine gemeinsame Basis für die Zusammenarbeit, ist die Trennung von Minderleistern eine reale Option.

Beliebte Mitarbeiterspielchen und wie Sie sie beenden

Im Verlauf meiner Projekttätigkeiten habe ich von Mitarbeitern sehr unterschiedliche, wortreiche und bisweilen wirklich einfallsreiche Ausführungen gehört, warum sie bestimmte Teilziele nicht erreichen oder Fristen nicht einhalten konnten. Projekt für Projekt zeichneten sich für mich immer klarer drei Kategorien für typische Mitarbeiterspielchen ab:

„Ja, aber ...": Dieser Typus demonstriert das eigene Wissen, neigt zum Verkomplizieren, sieht überall Risiken, will aber eigentlich Zeit schinden und keine Verantwortung übernehmen.

„Ich bin blöd": Dieser Typus unterschätzt die eigenen Fähigkeiten, sucht Rat und Hilfe, möchte alles detailliert erklärt haben, will aber in erster Linie Aufmerksamkeit und eigentlich die Aufgabe zurückdelegieren.

„Ach, die Welt ist so schrecklich": Dieser Typus sieht nur halb leere Gläser, betont die Schlechtigkeit der Welt, plagt sich mit Zukunftssorgen und will nichts lieber als Ruhe, Routine und Sicherheit.?

Wege zur Lösung

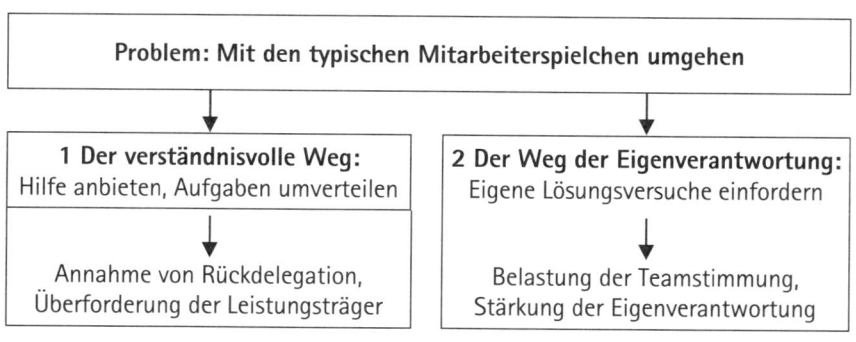

1 Der verständnisvolle Weg: Hilfe anbieten, Aufgaben umverteilen

Soviel vorab: Nicht alle Mitarbeiter, die Sie um Hilfe bitten, spielen Spielchen mit Ihnen. Achten Sie zur sauberen Trennung auf folgende Aspekte:

- Kommt der Mitarbeiter auffällig häufig zu Ihnen und fragt um Hilfe?
- Ist die Leistungsbereitschaft des Mitarbeiters für das Projekt gering?
- Fragt der Mitarbeiter um Hilfe zu Aufgaben, die er seinem Leistungs- und Erfahrungsstand nach eigentlich eigenständig bearbeiten können müsste?
- Zeichnet sich der Mitarbeiter generell durch eine so genannte Opfersprache aus, das heißt, bedient er sich häufig passiver Formulierungen und betont er gerne die negativen Rahmenbedingungen, anstatt wie ein Akteur über die eigenen Einfluss- und Gestaltungschancen zu sprechen?

Meine erste Reaktion als junger Projektleiter auf Mitarbeiter, die mich so um Hilfe baten, war, ihnen Hilfe zu geben. Wenn Mitarbeiter Einwände vorbrachten, nahm ich diese auf und überlegte mir anschließend eine Lösung. Wenn sich Mitarbeiter über schwierige Rahmenbedingungen beklagten, signalisierte ich Verständnis und zählte ihnen aufwändig die Vorzüge unserer Arbeit auf. Es ist wohl nur allzu menschlich, auf Rückfragen und Hilfegesuche helfend zu reagieren.

Als Projektleiter ist der verständnisvolle Weg bei solchen Mitarbeitern aber nicht der richtige. Folgen Sie Ihrem wohlgemeinten Unterstützungs-Impuls, so überwiegen die negativen Auswirkungen. Diese werden in der Regel nicht gleich, sondern erst mittelfristig im Verlauf der Projektarbeit spürbar. Sie bezahlen eine kurzfristige Problemlösung mit einem langfristigen Schaden.

PRO

Termine: Mit viel Unterstützungsleistung, eigenem Mehreinsatz und der Umverteilung von Arbeit auf die stärkeren Schultern im Team mag es Ihnen gelingen, gesetzte Fristen einzuhalten.

Karriere: Lassen Sie die Mitarbeiter mit den Spielchen bei Ihnen durchkommen, werden sich diese positiv über Sie als Projektleiter äußern. Man wird Ihre Hilfsbereitschaft und Ihre Offenheit für Gegenpositionen loben.

Qualität: Mit dem verständnisvollen Weg entlassen Sie Ihre Mitarbeiter aus der Verantwortung. Die Folgen wiegen schwer: Wissen die Mitarbeiter, dass sie bei den ersten Schwierigkeiten von Ihnen Hilfe bekommen werden, sinkt ihre Bereitschaft, eigenständig Spitzenleistung zu erbringen.

Kosten: Sie benötigen mehr Ressourcen, wenn Sie nicht von jedem Mitarbeiter Höchstleistung erhalten. Verteilen Sie Aufgaben um, sorgt dies für Mehrarbeit bei den Leistungsträgern. Fordern Sie weitere Ressourcen an, wirkt sich dies unmittelbar auf Ihre Projektbudgets aus.

Karriere: Wahre Anerkennung als Führungskraft werden Sie nur erhalten, wenn es Ihnen gelingt, trotz bisweilen schwieriger Rahmenbedingungen oder unzureichender Ressourcenausstattung optimale Ergebnisse zu erzielen. Das werden Sie nur schaffen, wenn Ihre Mitarbeiter eigenverantwortlich agieren und ihre jeweiligen Teilbereiche eigenständig bearbeiten.

Fazit: Wann dieser Weg Erfolg verspricht

Dieser Weg ist verlockend, weil es uns als Menschen nahe liegt, anderen zu helfen und ihnen das Leben leichter zu machen. Stellen Sie sich in bester Absicht mit Ihren starken Schultern immer vor Ihre Mitarbeiter, so machen es sich diese in Ihrem Windschatten gemütlich. Wollen Sie hingegen Spitzenleistungen, müssen die Mitarbeiter spüren, dass sie selbst es in der Hand haben und der Teamerfolg maßgeblich von ihrer eigenen Leistung abhängt. Nur durch die Stärkung des Prinzips der Eigenverantwortung werden Sie über den Verlauf des Gesamtprojekts hinweg eine optimale Teamperformance erreichen.

2 Der Weg der Eigenverantwortung: Eigene Lösungsversuche einfordern

Dieser Weg sieht vor, dass Sie als Projektleiter die Mitarbeiter in die Pflicht nehmen. Lassen Sie sich auf die typischen Spielchen von Mitarbeitern ein, nehmen Sie zwangsläufig Verantwortung vom Mitarbeiter:

- „Ja-aber"-Spiel: Die zahlreichen Einwände dienen dem Mitarbeiter dazu, die Aufgabenstellung abzuwandeln, den Beginn der Ausführung zu verzögern, die Verantwortung zurückzugeben, Ihnen die Aufgabe zur Lösung der Bedenken aufzubürden, die Entschuldigungen für ein späteres Scheitern der Aufgabe gleich mitzuliefern. Lassen Sie sich darauf ein, haben Sie die Arbeit auf dem Tisch, nicht Ihr Mitarbeiter.

- „Ich bin blöd"-Spiel: Die Hinweise auf die eigene Überforderung helfen dem Mitarbeiter, eine Umverteilung der Aufgaben zu erreichen, zusätzliche Ressourcen zu erhalten, Unterstützung und Anleitung zu bekommen, Verantwortung an einen Coach oder den Vorgesetzten abzugeben, Entschuldigungen zu haben, wenn es später doch nicht geklappt haben sollte. Lassen Sie sich darauf ein, sind Sie als Vorgesetzter für ein Scheitern verantwortlich – der Mitarbeiter hat schließlich früh genug auf sein Nicht-Können hingewiesen.

- „Ach, die Welt ist so schrecklich"-Spiel: Die Verweise auf schwierige Rahmenbedingungen sind hilfreich für den Mitarbeiter, weil Sie Diskussionen von der eigenen Person und Aufgabe ablenken, die Begründung liefern für zusätzlichen Ressourcenbedarf, ein Klima schaffen, in dem man scheitern kann und darf, Rücksichtnahme beim Vorgesetzten auslösen. Lassen Sie sich auf diese Diskussionen ein, werden Sie dazu verleitet, die Rahmenbedingungen zu verändern anstatt den Mitarbeiter.

Im Gegenteil sollten Sie versuchen, den Mitarbeiter als Experten für den zugeordneten Teilbereich anzuerkennen und zeitgleich in die Verantwortung zu nehmen. Dies gelingt durch gezielte Rückfragen nach bisherigen Lösungsversuchen und das Einfordern von eigenen, dann konstruktiven Vorschlägen. Halten Sie sich dabei mit eigenen Ideen zurück und betonen Ihre Erwartung der eigenständigen Bearbeitung der besprochenen Aufgabenfelder.

VORSICHT BOMBE!

Das Einfordern eigener Lösungsvorschlägen von Mitarbeitern wirkt, wenn diese zu Ihnen kommen und um Hilfe bitten, nicht unterstützend und birgt die Gefahr, dass sich Mitarbeiter alleine gelassen fühlen und Sie als hart und unpartnerschaftlich wahrnehmen. Sie laufen Gefahr, das Prinzip von Geben und Nehmen in Frage zu stellen und das Teamklima zu belasten.

So entschärfen Sie die Bombe

1 Reagieren Sie nicht auf alle Mitarbeiter gleich. Trennen Sie sorgfältig zwischen den Mitarbeitern, die Spielchen mit Ihnen versuchen und denen, die nur in Ausnahmesituationen und gut begründeten Fällen zu Ihnen kommen.

2 Bügeln Sie Einwände Ihrer Mitarbeiter nicht kommentarlos ab, sondern signalisieren Sie Verständnis für die Bedenken. Lassen Sie sich aber nicht zu tief in eine Negativdiskussion verwickeln, sondern bringen Sie eine Lösungsorientierung ein und fragen Sie nach konstruktiven Vorschlägen!

 PRO

Qualität: Wenn jeder Mitarbeiter seiner Verantwortung gerecht wird und an der Herausforderung wächst, erzielen Sie ein Teamergebnis über den Erwartungen.

Kosten: Sie vermeiden den verlockenden aber kostenintensiven Weg, auf Schwierigkeiten mit mehr Ressourcen oder Aufgabenumverteilungen zu reagieren. Das schont die Budgets.

Termine: Gelingt es Ihnen, dass sich die Mitarbeiter für die gesetzten Termine verantwortlich fühlen, haben Sie beste Chancen auf Termintreue.

 CONTRA

Karriere: Das Einfordern von Eigenverantwortung kann recht hart wirken. Sie machen sich damit nicht nur Freunde. Passen Sie auf, dass Sie nicht das Image bekommen, schwächere Teammitglieder alleine zu lassen, wenn diese Unterstützung benötigen.

Fazit: Wann dieser Weg Erfolg verspricht

Sie kommen um den Weg der Stärkung der Eigenverantwortung nicht umhin, wenn Ihr Projekt die folgenden Merkmale aufweist:

- Langfristigkeit
- Mehrere Teilprojekte, die eigenverantwortlich bearbeitet werden müssen
- Wenig Zeit für Korrekturen und Verbesserungsmaßnahmen
- Knappe Ressourcen und keine Möglichkeit zur Umverteilung von Aufgaben

Kurzum: Gehen Sie den Weg der Eigenverantwortung immer, wenn Sie es sich nicht leisten können oder wollen, die Mitarbeiter aus ihrer Pflicht zu entlassen. Lassen Sie Mitarbeiter nicht mit Ihren Spielchen durchkommen. Sie bezahlen sonst gerade in langfristigen Projekten mit einer Überforderung Ihrer selbst oder der starken Mitarbeiter in Ihrem Team.

Mein Weg: Konsequente Verantwortungsübertragung

Wenn Mitarbeiter auf mich zukommen und mir erklären, warum sie ein ihnen übertragenes Aufgabengebiet nicht in der vorgesehenen Form bearbeiten können, gehen bei mir gelbe Alarmlampen an. Ich prüfe dann parallel zum Zuhören, ob ich gerade Zeuge eines der beliebten Mitarbeiterspielchen werde. In jedem Fall bin ich sensibilisiert für Versuche der Mitarbeiter, Aufgaben an mich als Projektleiter zurück zu delegieren.

Auf die drei typischen Spielchen reagiere ich wie folgt:

- „Ja, aber ..."-Spiel: Anerkennen des Mitarbeiters als Experten und dann rückfragen nach eigenen Lösungsideen.

- „Ich bin blöd"-Spiel: Auftreten als Partner des Mitarbeiters und in coachendem Stil rückfragen nach bisherigen Lösungsversuchen, persönlichen Hindernissen und eigenen Vorschlägen zum weiteren Vorgehen.

- „Ach, die Welt ist so schrecklich"-Spiel: Nicht ins gemeinsame Lamento verfallen, aber betonen, dass der Mitarbeiter freiwillig mitarbeitet und die Option hat, die Projektarbeit zu beenden; dann nach Vorschlägen fragen, wie die Arbeit trotz des schwierigen Rahmens bewerkstelligt werden kann.

Auch wenn diese Gespräche höflich und verständnisvoll ablaufen, bleibe ich in der Sache hart. Der Mitarbeiter kann ruhig spüren, dass ich auf ihn angewiesen bin. Sollte der Mitarbeiter dem eigenen Aufgabenbereich nicht gerecht werden, läuft das Kollektiv Gefahr, die gesteckten Ziele zu verfehlen. Dieser Verantwortung muss sich jedes Teammitglied stellen.

 KLARTEXT: MITARBEITERSPIELCHEN ÜBERWINDEN

1 Seien Sie auf der Hut vor dem Versuch der Rückdelegation von Aufgaben und Verantwortung. Mitarbeiter sind wort- und einfallsreich.

2 Lassen Sie sich nicht den Affen auf die Schulter setzen, sonst tragen Sie ihn das gesamte Projekt über mit sich herum.

3 Auch wenn für Sie die Lösung nahe liegt: Fordern Sie zunächst die Lösungsvorschläge vom Mitarbeiter ein.

4 Lassen Sie Ihre Mitarbeiter auch Fehler machen und Grenzen erfahren. Gutgemeinte Hilfe bringt die Mitarbeiter nicht weiter und Sie an Ihre Grenzen.

Mitarbeiter zur berühmten Extrameile motivieren

DAS SZENARIO

In ein gutes und spannendes Projekt hatte sich jeder optimal eingebracht. Der Auftraggeber war zufrieden, forderte von uns aber kurz vor dem Projektabschluss noch die Ausarbeitung und Umsetzung eines Kommunikationskonzepts mit zahlreichen Workshops und einer Road-Show in den Regionen. Diese Mehrarbeit kam für uns überraschend; alle Projektmitwirkenden waren bereits für andere Folgeaufgaben verplant. Wie sollte ich als Projektleiter die Mitarbeiter dazu bewegen, die anstehende Mehrarbeit auch noch zu übernehmen? Die berühmte Extrameile war gefordert!

Wege zur Lösung

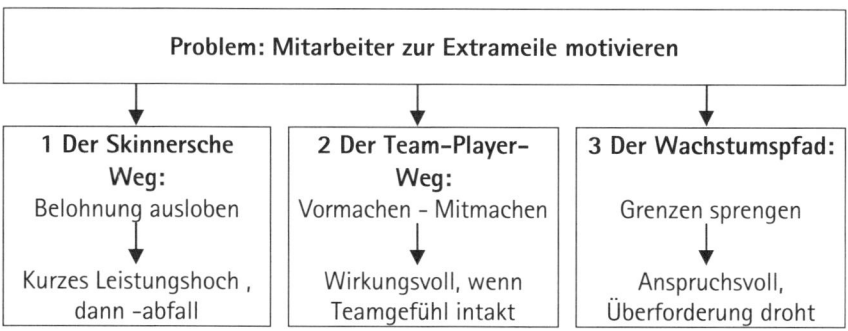

1 Der Skinnersche Weg: Belohnung ausloben

Dieser Weg geht auf den amerikanischen Psychologen Burrhus F. Skinner (1904 - 1990) zurück, der als Begründer des operanten Konditionierens gilt. Skinner brachte Tauben und Ratten dazu, ein gewünschtes Verhalten besonders häufig zu zeigen. Dazu belohnte er durch Futtergabe die zufällig auftretenden „richtigen" Verhaltensweisen der Tiere. Fielen die Belohnungen weg, zeigten die Tiere das gewünschte Verhalten nicht mehr so häufig. Genau so funktionieren Prämien- und Incentivierungssysteme. Das Schöne: Sie klappen! Wollen Sie also Mitarbeiter zu Mehrarbeit motivieren, können Sie positiv Verstärker in Aussicht stellen, beispielsweise eine Bonuszahlung, die ergebnisorientierte Vergütung der Arbeit oder eine Sachprämie.

 VORSICHT BOMBE!

Haben Sie im letzten Projekt einen Bonus für ungeplante Mehrarbeit ausgeschüttet, wird dies auch im aktuellen Projekt erwartet. Niemand wird sich zu freiwilliger Mehrarbeit verpflichten lassen, wenn sich mit ein wenig Widerstand eine Sonderzahlung aushandeln lässt. Der Bonus für das aktuelle Projekt muss dann mindestens gleichwertig zur früheren Belohnung sein, damit es überhaupt zu einer Steuerungswirkung kommt.

So entschärfen Sie die Bombe

1 Vermeiden Sie das Ausloben von Boni generell. Unvorhergesehene Mehrarbeit gehört zum Projektgeschäft dazu.

2 Wenn überhaupt, dann geben Sie nach erfolgter Sonderleistung eine kleine Anerkennung. Das muss aber nicht immer Geld sein.

 PRO

Termine: Zweifelsohne macht Geld Beine. Ist die ausgelobte Belohnung attraktiv genug, werden sich alle im Projekt bemühen, die Fristen einzuhalten, auch wenn das Mehrarbeit bedeutet.

 CONTRA

Kosten: Sonderzahlungen, Prämien, Boni kosten Geld. Geld, das Sie im Zweifel nicht budgetiert haben.

Qualität: Wenn Sie die Belohnung insbesondere an das Erreichen bestimmter Fristen knüpfen, ist fast sicher mit Einbußen bei der Qualität zu rechnen. Vieles wird dann mit heißer Nadel gestrickt.

> **Karriere:** Ein vergleichsweise teures Incentivierungsprogramm sollten Sie sich nicht in jedem Projekt leisten. Außerdem verpufft die Steuerungswirkung von finanziellen Anreizen sehr schnell.

Fazit: Wann dieser Weg Erfolg verspricht

Keine Frage: Dieser Weg ist wirkungsvoll, wenn es darum geht, kurz vor knapp die letzten Energiereserven zu mobilisieren und mit einer gemeinsamen Kraftanstrengung die gesteckte Ziellinie zu erreichen. Auf Dauer ist der Skinnersche Weg nicht zu empfehlen. Wenn Sie ausschließlich über finanzielle Anreize motivieren, müssen Sie sich nicht wundern, dass Sie Dienst nach Vorschrift erhalten, sobald die Anreize einmal ausbleiben. Wenn Sie in Zeiten von Engpässen viel zahlen, verderben Sie sich zudem die Preise von morgen.

In manchen Organisationen hat sich über die Zeit eine Kultur entwickelt, in der Mitarbeiter ausschließlich dann Leistung zeigen, wenn sie dafür unmittelbar belohnt werden. Das ist kindisch. Für Kinder ist es ein wichtiges Entwicklungsfeld, Belohnungsaufschub zu erlernen. Typischerweise finden wir ein derartiges Verhalten in Bereichen, in denen ein geringes Fixum und hohe Provisionen gezahlt werden. Als Projektleiter werden Sie nicht das Vergütungssystem verändern können. Daher werden Sie vermutlich in derartigen Unternehmenskulturen nicht ganz um den Skinnerschen Weg herumkommen. Aber gehen Sie sparsam mit den Karotten um, die Sie Ihren Mitarbeitern vor die Nase halten!

2 Der Team-Player-Weg: Vormachen – Mitmachen

Dieser Weg macht sich die Reziprozitätsnorm, die psychologische Regel der Gegenleistung, zu Nutze. Mit anderen Worten: Sie vertrauen darauf, dass sich der Empfänger einer Gefälligkeit dazu verpflichtet fühlt, Ihnen als Geber etwas zurückzugeben. Interessanterweise lässt sich dieser Effekt wissenschaftlich nachweisen. Dabei spielt es keine Rolle, ob der Geber als sympathisch empfunden wird. Ideal funktioniert dieser Weg allerdings, wenn Sie ein Team mit etablierten Strukturen und einem ohnehin positiven Gruppengefühl leiten.

In dem oben dargestellten Projektszenario bedeutet der Team-Player-Weg, dass der Projektleiter zunächst keine Erwartungen an seine Mitarbeiter äußert, schließlich ist die ursprünglich vereinbarte Leistung bereits erbracht worden. Vielmehr nimmt sich der Projektleiter selbst der Mehrarbeit an und versucht, damit den Druck von den anderen Teammitgliedern zu nehmen.

Der Projektleiter hofft natürlich auf seine Vorbildwirkung und einen Solidarisierungseffekt. Bieten alsbald die ersten Teammitglieder ihre Mitarbeit und Unterstützung an, wird es den verbleibenden Mitarbeitern schwer fallen, nicht auch mit anzupacken. In einem funktionierenden Team ist eine derartige Gruppendynamik nicht unwahrscheinlich. Die Mehrarbeit wird dann nicht für den ursprünglichen Auftraggeber erledigt, sondern für die Kollegen, denen man helfend zur Seite steht.

 PRO

Kosten: Dieser Weg funktioniert ohne finanzielle Anreize. Das schont Ihre Projektbudgets.

Termine: Wenn alle mit anpacken, können Sie auch ambitionierte Fristen einhalten. Kommt erst einmal eine positive Gruppendynamik auf, werden Sie sich wundern, wie schnell die Arbeit von der Hand geht.

Karriere: Dieser Weg schafft ein Teamgefühl, das auch über das Projekt hinaus nachwirkt. Wer schon einmal mit einem Team das Unmögliche geschafft hat, weiß, wie sehr dieses Erlebnis verbinden kann. Das ist gut für Ihr Netzwerk.

 CONTRA

Karriere: Sollte Ihnen das Team nicht nachfolgen, stehen Sie alleine mit der Mehrarbeit da. Nachträglich um Ressourcen oder Terminverschiebung bitten zu müssen, ist schlecht für Ihr Image. Zudem laufen Sie Gefahr, sich selbst zu übernehmen.

Fazit: Wann dieser Weg Erfolg verspricht

Dieser Weg birgt das Risiko, dass Sie auf der Mehrarbeit sitzen bleiben, wenn Sie zwar mit gutem Beispiel voran gegangen sind, aber kein Mitarbeiter gefolgt ist. Daher sollten Sie sich vergewissern, dass...

- Ihnen die Mitarbeiter wohlgesonnen sind,

- Sie ein Teamklima geschaffen haben, in dem das Geben und Nehmen eingeübt und an der Tagesordnung ist,

- die Mitarbeiter zeitlich und technisch in der Lage sind, Ihnen beizuspringen, sofern sie dies denn wollten.

Aufgrund des Risikos, sich selbst zu übernehmen, sollten Sie diesen Weg wohlüberlegt und gut dosiert einsetzen und nicht als erste Wahl in Betracht ziehen. Die Bitte „Tu es für mich" oder „Tu es für das Team" ist sehr wirksam, weil man sich einer persönlich vorgetragenen Bitte schlecht entziehen kann. Sie nutzt sich aber bei mehrfachem Einsatz auch schnell ab.

3 Der Wachstumspfad: Grenzen sprengen

Dieser Weg ist für Fortgeschrittene. Er setzt darauf, Mitarbeiter an ihre Grenzen und darüber hinaus zu führen. Die Kraft und Energie, welche die Mitarbeiter investieren, um über sich hinaus zu wachsen, helfen Ihrem Projekt und schaffen Spitzenleistung. Ein Grundprinzip des Wachstumspfads ist die punktuelle Überforderung des Mitarbeiters. Sie segeln damit hart am Wind; die Gefahr, zu übersteuern, ist naheliegend. Warum sollten Mitarbeiter bis an die Grenzen ihrer Fähigkeiten und ihrer Belastbarkeit gehen? Dafür gibt es nur einen Grund: Weil sie es selbst wollen. Um das zu erreichen, muss der Mitarbeiter erkennen, dass die Bearbeitung der Mehrarbeit für ihn eine große Chance darstellt und einen persönlichen Nutzen verspricht. Das Nutzenversprechen kann individuell sehr unterschiedlich sein, beispielsweise:

- Prestigegewinn und Möglichkeit zur Profilierung

- Einmalige Lerngelegenheit

- Bearbeitung einer an sich interessanten und außergewöhnlichen Aufgabe

- Wiederherstellung einer gekränkten Ehre

- Beweis von Potenzialen, die bislang nicht abgefordert worden sind

- Besetzen eines Themengebiets für die Zukunft
- Eigenständige Verantwortungsübernahme

Die beste Wirkung erzielt dieser Weg in Verbindung mit dem Thrill of Empowerment, dem Gefühl, das entsteht, wenn man die eigene Wichtigkeit für ein bedeutsames Gesamtziel erkennt und die Verantwortung auf den eigenen Schultern spürt. Mit der Übergabe von entsprechender Verantwortung drücken Sie als Projektleiter Vertrauen und Zutrauen aus. Sie vertrauen auf die Integrität und Zuverlässigkeit des Mitarbeiters und trauen ihm die Aufgabe fachlich zu. Beides wirkt sich positiv auf seine Leistungsbereitschaft aus.

 VORSICHT BOMBE!

Sie können mit diesem Weg Ihre Mitarbeiter schnell überfordern. Wenn Sie es mit leistungswilligen und ambitionierten Mitarbeitern zu tun haben, werden diese Sie nicht auf die eigene Überforderung hinweisen, sondern so lange – vergeblich –alles versuchen, bis das Projekt und sie selbst gescheitert sind.

So entschärfen Sie die Bombe

1 Sie können aus einer Ente keinen Adler machen. Schätzen Sie die Potenziale Ihrer Mitarbeiter genau ein und entscheiden Sie dann, wem Sie was zutrauen.

2 Bieten Sie den Mitarbeitern, die ihre eigenen Grenzen sprengen, jede Hilfe an, die Sie aufbringen können.

3 Begleiten Sie die Mitarbeiter eng und achten Sie auf Signale einer dauerhaften Überforderung (z. B. anhaltende Hektik, Nervosität, höhere Fehlerquote etc.), um im Notfall rasch reagieren zu können.

 PRO

Qualität: Mit Mitarbeitern, die im Projekt über sich hinaus wachsen, können Sie ungeahnte Spitzenleistungen erreichen.

Karriere: Sie beweisen mit diesem Weg, dass Sie als Führungskraft Mitarbeiter motivieren und zur Höchstleistung anspornen können. Mitarbeiter, die dank Ihrer Hilfe weitergekommen sind, zeigen vielleicht später ihre Dankbarkeit.

Termine: Haben Sie aufs falsche Pferd gesetzt, kann das gesamte Projekt scheitern.

Qualität: Sie fahren ein hohes Risiko, weil Sie Mitarbeiter mit Arbeiten betrauen, die sie bislang nicht ausgeführt haben. Sollten die Mitarbeiter die in sie gesteckten Hoffnungen nicht einlösen können, werden Sie nicht die Qualität erreichen, die Ihr Auftraggeber von Ihnen erwartet. Die Verantwortung dafür tragen Sie!

Fazit: Wann dieser Weg Erfolg verspricht

Dieser Weg wird auch der goldene Weg der Motivation genannt, weil er ohne externe Anreize und aufwändige Steuerungs- und Kontrollmechanismen auskommt. Wenn der Mitarbeiter erkennt, dass die Bearbeitung der Mehrarbeit einen attraktiven, persönlichen Nutzen verspricht, wird er zur Extrameile bereit sein.

Es müssen jedoch zwei Rahmenbedingungen erfüllt sein, damit Sie diesen Weg beschreiten können:

1 Sie benötigen Mitarbeiter, die ihre Potenziale noch nicht ausgereizt haben, und lernfähig und lernwillig sind. Dies trifft meiner Erfahrung nach auf fast alle zu, die sich freiwillig an Projektarbeiten beteiligen.

2 Sie müssen Kontrollverlust aushalten können.

Mein Weg: Wachstumschancen geben

Wir hatten alle hart in dem Projekt gearbeitet, und jetzt stand die vom Auftraggeber gewünschte Mehrarbeit an, parallel zu den bereits geplanten Folgearbeiten. Zum Glück hatten wir ein intaktes Teamgefüge, so dass mir auch der Team-Player-Weg offen gestanden hätte. Ich hatte durchaus noch eigene Kapazitäten, um zumindest einen bedeutenden Anteil der zusätzlichen Workshops und der Road Show mit zu begleiten. Für die übrige Arbeit hätten sich aufgrund der positiven Teamdynamik wohl auch Freiwillige gefunden. Ich entschied mich jedoch für den Wachstumspfad, und dies in aller Konsequenz.

Anstatt mich selbst in die Zusatzarbeit einzubringen, überantwortete ich die gesamte Aufgabe einer Mitarbeiterin. Sie hatte in zweiter Reihe an dem bis dahin erfolgreichen Projekt mitgewirkt und kannte die Hintergründe und Hauptansprechpartner.

Der größte Widerstand gegen diese Wahl kam nicht von der Mitarbeiterin, sie erkannte sofort die damit verbundenen Chancen, sondern von meinem Auftraggeber. Hier ging ich ein hohes Risiko, indem ich meine Mitarbeiterin empfahl, obwohl sie ein vergleichbar umfangreiches Teilprojekt noch nicht geleitet hatte. Ich hatte mich jedoch entschieden, lieber den Zusatzauftrag abzulehnen, als mich selbst doch wieder einzubringen.

Wie es ausging? Der Auftraggeber willigte ein, die Mehrarbeit mit meiner Mitarbeiterin anzugehen und nicht mit mir. Meine Mitarbeiterin kniete sich mit bewundernswertem Einsatz in ihre neue Verantwortung und leistete hervorragende Arbeit, parallel zu ihren übrigen Aufgaben. Meine Rolle war eher die des Bremsers und Unterstützers im Hintergrund. Gegenüber dem Auftraggeber musste ich nicht mehr persönlich in Erscheinung treten.

 KLARTEXT: MITARBEITER ZUR EXTRAMEILE MOTIVIEREN

1 Erwarten Sie keine Extrameile von Ihren Mitarbeitern, wenn Sie nicht bereit sind, sie selbst mitzugehen.

2 Wenn Sie für Mehrarbeit Geld einwerfen, müssen Sie nach jeder Meile nachschmeißen.

3 Bremsen ist leichter als Beschleunigen: Setzen Sie auf die Kraft des Mitarbeiters, die eigenen Grenzen verschieben zu wollen.

4 Lassen Sie Mitarbeiter aus Ihrem Windschatten heraustreten. Sie werden überrascht sein, wie diese über sich hinaus wachsen und im Wind bestehen.

Mitarbeiterentwicklung – so geht es auch während des Projekts

DAS SZENARIO **»**

Nach knapp einem Jahr der Leitung und Durchführung eines Projekts für ein Unternehmen zeichnete sich ab, dass der Umfang des Projekts erheblich ausgedehnt werden sollte. Nun kam als weitere Aufgabe für uns als externe Partner dazu, die internen Mitarbeiter unseres Auftraggebers auszubilden und zu befähigen, die Arbeiten in der zweiten Projektphase zu übernehmen. Im Projektablauf waren wir an anspruchsvolle Liefertermine gebunden, so dass die Entwicklung der Mitarbeiter aus Zeit- und Kostengründen im Projekt stattfinden musste. Wie sollte das gelingen, ohne die Qualität des Projekts zu gefährden?

Wege zur Lösung

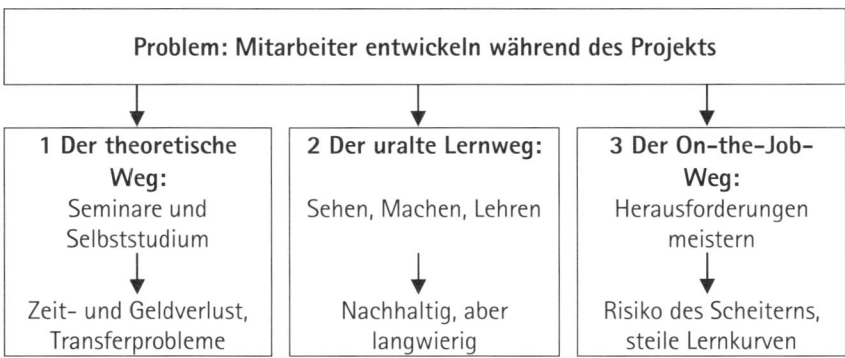

Problem: Mitarbeiter entwickeln während des Projekts		
1 Der theoretische Weg: Seminare und Selbststudium	**2 Der uralte Lernweg:** Sehen, Machen, Lehren	**3 Der On-the-Job-Weg:** Herausforderungen meistern
Zeit- und Geldverlust, Transferprobleme	Nachhaltig, aber langwierig	Risiko des Scheiterns, steile Lernkurven

1 Der theoretische Weg: Seminare und Selbststudium

Sie können Ihren Mitarbeitern Wissen vermitteln, indem Sie sie zu einem ausgewählten Seminar schicken oder zum Selbststudium auffordern. Beides hat seine Berechtigung insbesondere für das Auffrischen von Gelerntem oder für das Auffüllen von Wissenslücken. Damit es bei einem Seminarbesuch zum Lernerfolg kommt, muss folgendes gewährleistet sein:

- Analysieren Sie den tatsächlichen Lernbedarf Ihres Mitarbeiters und suchen Sie dazu gezielt ein passendes Seminar aus.

- Vereinbaren Sie mit Ihrem Mitarbeiter individuelle Lernziele im Vorfeld des Seminars und klären Sie die gegenseitigen Erwartungen.

- Besprechen Sie die Erlebnisse und Erkenntnisse des Mitarbeiters aus dem Seminar nach. Diskutieren Sie, welche Umsetzungsziele sich der Mitarbeiter für die Praxis setzt und wie Sie als Projektleiter den Lernprozess nach dem Seminar begleiten sollen.

- Fordern Sie den Mitarbeiter auf, die für das gesamte Projektteam relevanten Erkenntnisse des Seminars dem Team vorzustellen.

Wenn Sie Mitarbeiter dazu auffordern, vorhandene Wissenslücken mittels Selbststudium aufzufüllen, fühlen sich diese schnell allein gelassen. Sie äußern sich dann negativ über Sie als Projektleiter und entwickeln nicht die nötige Selbstverpflichtung, die erkannten Defizite eigenständig aufzuarbeiten.

- Sichten Sie die mögliche Literatur vor und grenzen Sie den Umfang des Lernmaterials ein.

- Verbinden Sie das Selbststudium mit einer sinnvollen Aufgabe. Beispielsweise können Sie den Mitarbeiter bitten, ein kurzes Referat über das Thema für das Projektteam aufzubereiten.

- Sprechen Sie mit dem Mitarbeiter nach dem Selbststudium über dessen Erkenntnisse und diskutieren Sie mit ihm die Relevanz und Auswirkungen für die Projektpraxis.

 PRO

Kosten: Im Gegensatz zu Seminaren stellt das Selbststudium eine kostengünstige Alternative zum Wissenserwerb dar. Das Internet eignet sich als Ausgangsbasis für die Recherche zu einem Spezialthema, Vertiefungsliteratur kann mittlerweile ebenfalls bequem und kostengünstig vom Computer aus beschafft werden.

Qualität: Bei theoretischer Wissensvermittlung stellt sich immer die Frage des Transfers des Gelernten in die Praxis. Was uns als Projektleiter interessiert, ist das anwendbare Können unserer Mitarbeiter, nicht das theoretische Wissen. Ohne eine aufwändige Begleitung des Mitarbeiters in seiner tatsächlichen Projektaufgabe bewirkt ein fachliches Seminar zunächst einmal nichts.

Kosten: Seminare und Fachkurse kosten Geld, das zusätzlich budgetiert werden muss. Angesichts des fraglichen unmittelbaren Nutzens für die praktische Projektarbeit ist das Kosten-Nutzen-Verhältnis zumeist nicht optimal.

Termine: Die theoretische Ausbildung mittels Seminaren kostet nicht nur Geld, sondern vor allem Zeit. Die Mitarbeiter sind tagelang nicht verfügbar.

Fazit: Wann dieser Weg Erfolg verspricht

Sofern Sie Zeit und ausreichend Budget haben, spricht nichts dagegen, Mitarbeiter zu Seminaren zu schicken. Dieser Weg kommt allerdings nicht in Frage, wenn

- der Auftraggeber erwartet, dass die Mitarbeiter on-the-job mit ihrer Aufgabe vertraut gemacht werden,
- kein Budget für externe Fachkurse zur Verfügung steht,
- die Aufgabe zu speziell und komplex ist, als dass sie in Form eines üblichen Seminars vermittelt werden könnte.

2 Der uralte Lernweg: Sehen, Machen, Lehren

Dieser Weg baut auf ein uraltes Lernprinzip, das sich seit der Antike bei der Berufsausbildung bewährt hat. Ein Lehrling schaut zunächst zu, wie der Meister eine Tätigkeit ausführt. Anschließend darf der Lehrling selbst aktiv werden und erhält im besten Fall ein persönliches Feedback zur Qualität der erfolgten Ausführung. Wirklich verinnerlicht hat der Lehrling die Tätigkeit, wenn er in der Lage ist, das Erlernte an den nächsten Lehrling weiterzugeben. Das Prinzip ist einfach, aber nachhaltig: See one, do one, teach one. Die Voraussetzungen für eine Erfolg versprechende Anwendung dieses Lernwegs in der Projektpraxis sind:

- Es muss den einen richtigen Weg geben, wie eine Aufgabe optimal zu erfüllen ist.
- Dieser optimale Weg muss dem Lehrmeister bekannt sein.
- Der Lehrling muss die Gelegenheit zum Selbermachen bekommen.
- Das Feedback muss zeitnah erfolgen, sich unmittelbar auf das beobachtbare Verhalten beziehen und konkrete Hinweise zur verbesserten Ausführung beinhalten.

 PRO

Kosten: Dieser Lernweg erfolgt on-the-job, ist also kostengünstiger als ein Seminarbesuch.

Qualität: Durch die gemeinsame Fallbearbeitung können Sie den zu entwickelnden Mitarbeiter bei den ersten Ausführungen beobachten, unmittelbar auf Fehler hinweisen und auf diese Weise eine Qualitätskontrolle sicherstellen.

 CONTRA

Termine: Es ist falsch anzunehmen, dass dieser Weg keine Zeit kostet, nur weil der Mitarbeiter nicht für externe Seminartage abwesend ist. Wenn Sie diesen Weg ernsthaft anwenden, müssen Sie als Projektleiter viel Zeit und Geduld in die Ausbildung Ihrer Mitarbeiter investieren. Es dauert, bis die Mitarbeiter ohne Ihre Hilfe und Supervision die zugewiesenen Aufgaben erfüllen können.

Fazit: Wann dieser Weg Erfolg verspricht

Dieser Weg der Ausbildungspraxis hat sich nicht ohne Grund über die Jahrtausende hinweg als Lernprinzip bestätigt. Er dient der Vermittlung von unmittelbar für die Projektarbeit benötigten Fertigkeiten und ist dementsprechend direkt nützlich. Aufgrund der Einzigartigkeit von Projektaufträgen ist dieser Lernweg jedoch bei Weitem nicht auf jede Projektsituation anwendbar. Es gibt Rahmenbedingungen, in denen der Projektleiter diesen uralten Pfad nicht beschreiten kann:

- Die Ziele des Projekts bestehen in der Neuentwicklung, der Innovation oder der Erschließung neuer Sachverhalte für das Unternehmen. Es gibt daher nicht die eine tradierte Best Practice.
- Für eine gegenseitige Einarbeitung bleibt keine Zeit.
- Aufgrund einer knappen Ressourcenausstattung gibt es im Projekt keine Kompetenz-Redundanzen, das heißt, jede Fähigkeit ist nur einmal vorhanden, und jedes Projektmitglied muss mit den individuellen Stärken den zugeordneten Teilbereich eigenständig erledigen.

3 Der On-the-Job-Weg: Herausforderungen meistern

Diesem Weg liegt das eigentliche Prinzip von Personalentwicklung (siehe auch das gleichnamige Tool auf S. 138) zugrunde. Demnach findet echtes persönliches Wachstum ausschließlich dadurch statt, dass ich Aufgaben bearbeite, die zwei Schuhnummern zu groß für mich sind. Durch die Auseinandersetzung mit der Herausforderung erweitere ich meine persönlichen Kompetenzen. Ich wachse mit meinen Aufgaben. Vereinbaren Sie mit Ihren Mitarbeitern individuelle Lernziele, suchen Sie die passende Herausforderung aus und begleiten Sie den Mitarbeiter kontinuierlich während der Bearbeitung der herausfordernden Aufgabe.

Ihre Aufgabe als Projektleiter muss es nach diesem Prinzip sein, die Mitarbeiter mit herausfordernden Aufgaben zu konfrontieren, ohne sie zu überfordern. Hierzu ist die Wahl der richtigen Dosis der Herausforderung entscheidend. Zudem können Sie den Mitarbeiter durch gezielte Fördermaßnahmen unterstützen und flankieren. Dies können beispielsweise Coaching-Gespräche, Hospitationen, eine kollegiale Supervision oder spezifische Trainings sein (siehe hierzu die „Personalentwicklungstools" auf S. 139).

VORSICHT BOMBE!

Wenn Sie die Mitarbeiter bitten, bestimmte, für sie herausfordernde Aufgaben zu bearbeiten, kann schnell der Verdacht aufkommen, dass Sie lediglich aus Gründen der Ressourcenknappheit oder aufgrund des Mangels an Alternativen diese Aufgabenzuordnung vorgenommen haben. Die Aussage, Sie würden dies aus Gründen der Personalentwicklung tun, wirkt dabei schnell fadenscheinig oder unaufrichtig.

So entschärfen Sie die Bombe

1 Machen Sie deutlich, dass darin kein Widerspruch besteht: Nachhaltige Personalentwicklung findet immer on-the-job statt.

2 Veredeln Sie die ohnehin zu erledigenden Aufgaben mit dem Gedanken der Personalentwicklung: „Während Du die Herausforderung xy bearbeitest, achte persönlich besonders auf z."

3 Zeigen Sie, dass Sie es ernst meinen mit Ihrem Anspruch, den Mitarbeiter weiterzuentwickeln, beispielsweise indem Sie spezifische Lernziele vereinbaren oder Ihre Hilfe als begleitender Coach oder Feedbackgeber anbieten.

 PRO

Termine: Sie verlieren keine Zeit mit der Ausbildung, sondern fördern die Mitarbeiter durch Herausforderungen unmittelbar während des Projekts.

Kosten: Wirklich belastbares Wissen im Sinne von anwendbarem Können entsteht nur, wenn ein Mitarbeiter eine Aufgabe eigenständig ausführt. Teure Seminarbesuche erübrigen sich dadurch zumeist.

 CONTRA

Qualität: Als Projektleiter betrauen Sie Mitarbeiter bewusst mit herausfordernden Aufgaben. Sie haben dabei nicht die Sicherheit, dass die Mitarbeiter die für sie neuen Aufgaben auch qualitativ hochwertig erledigen werden. Manchmal müssen Sie als Projektleiter Abstriche in Kauf nehmen, wenn Sie Mitarbeitern die Chance geben wollen, eigene Erfahrungen und vielleicht auch eigene Fehler zu machen.

Fazit: Wann dieser Weg Erfolg verspricht

Das Grundprinzip dieses Weges, also das Ermöglichen von persönlichem Wachstum durch die Bearbeitung von Herausforderungen on-the-job, wird häufig in Projekten eingesetzt, wissentlich und unwissentlich:

- Für viele Mitarbeiter stellt das Mitwirken in einem Projekt an sich bereits eine Besonderheit und damit eine persönliche Lernchance dar.
- Viele Projekte sind personell so schwach ausgestattet, dass alleine aus der Notlage heraus Mitarbeiter Aufgaben übernehmen müssen, mit denen sie bis dahin nicht betraut gewesen waren.
- Viele heutige Linienvorgesetzte haben ihre erste Führungserfahrung im Rahmen von Projekten gesammelt.

Wenn dieser Weg also ohnehin bereits ein Teil der Projektpraxis ist, sollten Sie ihn auch gehen, allerdings bewusst und explizit, wie oben beschrieben. Sie schaffen damit während der Projektarbeit die Chance zur persönlichen Weiterentwicklung in bester und nachhaltigster Form.

Mein Weg: Kontinuierlicher Kompetenzaufbau

Für die geplante Erweiterung des Projektumfangs sollten wir die internen Mitarbeiter unseres Auftraggebers während der laufenden Projektarbeit ausbilden. Dazu verfolgten wir das uralte Lernprinzip: See one, do one, teach one.

Zunächst ordneten wir jedem erfahrenen Projektmitarbeiter einen neuen Kollegen als „Buddy" zu. Wie beim Tauchen durften die beiden Partner sich nur noch zusammen irgendwo hinbewegen. Der erfahrene Kollege erarbeitete mit dem neuen Mitarbeiter einen Lern- und Entwicklungsplan (siehe das gleichnamige Tool auf S. 140). In einem zweiten Schritt übernahm der neue Kollege dann die aktive, ausführende Rolle, während der erfahrene Mitarbeiter beobachtete und anschließend Feedback gab. Abhängig vom Lernfortschritt übernahmen die neu ausgebildeten Mitarbeiter die Aufgaben zunehmend eigenständig, die erfahrenen Kollegen standen noch eine Zeit lang für Rückfragen und zur Qualitätssicherung zur Verfügung.

Wie es ausging? Die ausgebildeten internen Mitarbeiter des Auftraggebers wirkten in ihr eigenes Unternehmen hinein: Sie wurden als Experten anerkannt, standen bei Rückfragen zur Verfügung und stellten das Projekt auf internen Meetings vor. Als sie dann die Ausbildung einer zweiten Generation übernahmen, wussten wir, dass das Erlernte verinnerlicht worden war.

KLARTEXT: MITARBEITER WÄHREND DES PROJEKTS FÖRDERN

1 Bei aller Verbundenheit: Fördern Sie nur die Kompetenzen, die für Ihre Projektziele wichtig sind. Für eine allgemeine Persönlichkeitsentwicklung der Mitarbeiter sind andere Instanzen im Unternehmen verantwortlich.

2 Spielen Sie den Spielverderber. Ein schönes Seminarchen in einem schicken Hotel bringt weniger als eine gezielte Entwicklung des Mitarbeiters on-the-job.

3 Personalentwicklung heißt Eigenverantwortung. Lassen Sie nicht zu, dass Mitarbeiter fordern: „Jetzt entwickle mich mal, Chef!"

4 Wenn man keine Ahnung hat: Einfach mal ein gutes Buch lesen! Das Selbststudium ist zu unrecht verpönt.

Diese Tools brauchen Sie

 NÜTZLICHE TOOLS

Tool	Beschreibung, Stärken/Schwächen	Aufwand Nutzen
Fragen für Einzelgespräche ⊡	Fragenkatalog, um zu Projekektbeginn Minderleister aufzuspüren. Aktives und sensibles Zuhören notwendig!	•• ****
Das Prinzip von Personalentwicklung	Regeln, um Mitarbeiter erfolgreich entwickeln zu können. Nach diesem Prinzip können Sie Mitarbeiter im Projektverlauf schulen.	• ****
Personalentwicklungstools ⊡	Übersicht über flankierende Maßnahmen zur Personalentwicklung. Die Auswahl an Maßnahmen ist groß.	•• ***
Lern- und Entwicklungsplan ⊡	Beispielvorgaben, um Mitarbeiterentwicklung systematisch zu planen. Flexibel bleiben für kurzfristige Anpassungen.	••• *****

Die mit dem Icon ⊡ gekennzeichneten Tools können Sie im Internet unter www.projektmagazin.de/klartext abrufen.

Die wichtigsten Tools – so funktionieren sie

Fragen für Einzelgespräche zu Projektbeginn ⊙

Wenn Sie Minderleister in Ihrem Team schnell und direkt aufspüren und die Fachkompetenz, vor allem aber die Einstellung und Motivation Ihrer Mitarbeiter ergründen wollen, bieten sich Einzelgespräche mit allen Teammitgliedern zu Beginn des Projekts an. Es braucht nur wenige Fragen, um im Gespräch gezielt auf die kritischen Punkte zu kommen.

- Was erwarten Sie von der Projektarbeit?
- Was versprechen Sie sich persönlich von diesem Projekt?
- Wie wollen Sie Ihr Teilziel erreichen?
- Mit welchen Hindernissen und Risiken rechnen Sie und wie wollen Sie damit umgehen?
- Warum sind Sie die richtige Person, um diesen bedeutenden Teilbereich erfolgreich zu bearbeiten?
- Was nehmen Sie sich vor, um diesem Team zur Höchstleistung zu verhelfen?
- Woran erkenne ich, dass Sie persönlich erfolgreich gewesen sein werden?
- Welche Qualitätsstandards wollen Sie einhalten?
- Welche Spielregeln halten Sie für unsere Zusammenarbeit für wichtig und welchen wollen Sie sich selbst verpflichten?
- Für mich gibt es für Informationen eine Holschuld im Projekt. Wie gehen Sie vor?
- In der bisherigen Zusammenarbeit ist mir aufgefallen, dass Sie ... Warum gehen Sie so vor?
- Wann und wie merke ich, dass Sie Hilfe benötigen?

Zur Auswertung und Verdichtung der Ergebnisse Ihrer Einzelgespräche können Sie anschließend die Value-Result-Matrix (siehe das gleichnamige Tool auf S. 54) verwenden. Eine ernsthafte Bedrohung des Projekts stellen vor allem die Personen dar, deren Einstellung, Motivation oder Werthaltung fraglich sind. Mitarbeiter, die grundsätzlich über die richtige Haltung gegenüber den anstehenden Aufgaben und Herausforderungen verfügen, werden im Projekt nur selten zum Problemfall werden.

Das Prinzip von Personalentwicklung

Wenn Sie die Weiterentwicklung Ihrer Projektmitarbeiter während des Projekts gezielt durch die Bewältigung von herausfordernden Aufgaben vorantreiben wollen, so folgen Sie dabei dem eigentlichen Prinzip der Personalentwicklung. Es geht davon aus, dass echtes persönliches Wachstum vor allem dadurch stattfindet, dass der Mitarbeiter on-the-job Aufgaben bearbeitet, die sein bisheriges Kompetenzspektrum überschreiten. Der Mitarbeiter übernimmt also Aufgabenstellungen, die noch zwei Schuhnummern zu groß für ihn sind, um mit der Herausforderung seine persönlichen Fähigkeiten weiterzuentwickeln. Damit die Bearbeitung einer solchen Aufgabe wirklich zu Wachstum und Lernen und nicht zur Enttäuschung aller Beteiligten führt, müssen zwei wichtige Bedingungen erfüllt sein. Zum einen ist es Ihre Aufgabe als Projektleiter, die Mitarbeiter mit solchen Aufgaben zu konfrontieren, ohne sie dabei zu überfordern. Sie müssen also die „richtige Dosis" an Herausforderung für Ihren Projektmitarbeiter wählen – Aufgaben also, die dem Mitarbeiter zwei Schuhnummern, aber nicht nur eine oder noch ganze vier Schuhnummern zu groß sind. Zum anderen gilt es für Sie als Projektleiter (ggf. in Zusammenarbeit mit der Personalabteilung), Ihren Mitarbeiter mit den richtigen flankierenden Maßnahmen bei der Aufgabenbewältigung zu unterstützen (siehe „Personalentwicklungstools" auf der nächsten Seite):

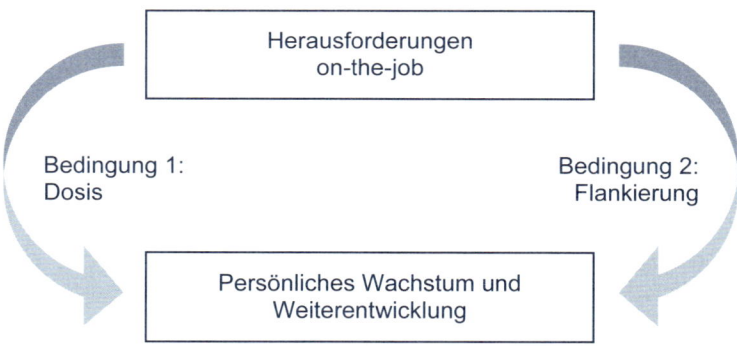

Abbildung: Das Prinzip von Personalentwicklung

Während des Prozesses kommt Ihnen als Projektleiter bei dieser Form der Personalentwicklung also die Aufgabe zu, Ihrem Projektmitarbeiter unterstützend zur Seite zu stehen. Sie wählen die richtig dosierten Aufgaben aus und bieten flankierende Maßnahmen, wie Coachings, Hospitationen, kollegiale Supervision, Trainings etc. an. In regelmäßigen Abständen sollten Sie dem Mitarbeiter zudem Feedback in Bezug auf die identifizierten Lernfelder geben, die bisherigen Lernfortschritte reflektieren und, wenn erforderlich, weitere Entwicklungsaufgaben hinzufügen. Der Personalabteilung kommt während des Prozesses die Rolle des Monitors und Experten zu. Sie leitet Abläufe an, hält den Prozess der Personalentwicklung nach und bietet Maßnahmen und Tools, wie beispielsweise Trainings oder Entwicklungspläne, an. Die wichtigste Rolle kommt allerdings dem Projektmitarbeiter selbst zu. Denn wirklich Erfolg versprechend sind alle getroffenen Maßnahmen und ausgewählten Aufgaben nur dann, wenn sich der Mitarbeiter selbst auf seine Lernfelder fokussiert und gezielt an ihnen arbeitet. Dem Mitarbeiter muss bewusst sein, dass er die Eigenverantwortung für sein persönliches Wachstum und seine Weiterentwicklung trägt. Er muss sich die Entwicklungsfelder auf die „innere Agenda" setzen und sein persönliches Wachstum im Auge behalten.

Personalentwicklungstools ⊙

Die möglichen PE-Tools, welche die Entwicklung Ihrer Projektmitarbeiter gezielt flankieren und unterstützen können, lassen sich in drei Gruppen zusammenfassen. Eine genaue Auswahl und Spezifizierung der individuellen Maßnahmen sollte jeweils im Rahmen eines Entwicklungsgesprächs gemeinsam mit dem Mitarbeiter stattfinden.

1   **Maßnahmen, die der Mitarbeiter eigenständig verfolgt.**

    Der Mitarbeiter akzeptiert ein spezifisches Lernfeld für sich und nimmt sich bewusst vor, in diesem Feld nachhaltige Veränderungen zu erreichen. Hilfreich sind hierbei die Auseinandersetzung mit der entsprechenden Managementliteratur, der Austausch mit erfahrenen Kollegen und Vorbildern und eine konsequente Selbstkontrolle.

2   **Maßnahmen, die der Mitarbeiter mit Unterstützung durch den Projektleiter verfolgt.**

    Dem Projektleiter kommt bei der Entwicklung seiner Mitarbeiter eine entscheidende Rolle zu. Er muss nicht nur die richtig dosierten Herausforderungen bereitstellen, sondern den Mitarbeiter bei der Bewältigung der

Herausforderungen persönlich unterstützen. Die gemeinsame Vor- und Nachbesprechung von anstehenden Aufgaben und Herangehensweisen, ein enger Feedbackprozess, die Vorbildfunktion und regelmäßige Beurteilungs- und Entwicklungsgespräche sind wichtige Bausteine einer strukturierten Unterstützung durch den Projektleiter. Darüber hinaus kann der Projektleiter den Mitarbeiter durch die Initiierung von Fördermaßnahmen unterstützen, wie beispielsweise Mentoring durch Dritte, Feedback durch die Kollegen, Vergabe von internen Sonderaufgaben, Schaffen von Foren zum Erfahrungsaustausch etc.

3 **Maßnahmen, die der Mitarbeiter mit Unterstützung durch die Personalabteilung verfolgt.**

Schließlich gibt es eine umfassende Auswahl an Bildungs- und Schulungsmaßnahmen, welche im engeren Wortsinn als Personalentwicklung bezeichnet werden. Diese Maßnahmen werden in der Regel mit Unterstützung der für die Mitarbeiterentwicklung zuständigen Abteilung ausgewählt und organisiert. Neben hausinternen Schulungen bieten sich Fachseminare am externen Markt an. Zudem berät die Mitarbeiterentwicklung bei berufsbegleitenden Fortbildungsangeboten, Lehr- und Studiengängen, externem Coaching und allen über die standardisierten Maßnahmen hinausgehenden Fragen zur individuellen Entwicklung.

Lern- und Entwicklungsplan für Mitarbeiter ⊕

Wenn Sie den Weg des kontinuierlichen Kompetenzaufbaus verfolgen und Ihre Projektmitarbeiter während des laufenden Projekts ausbilden und weiterentwickeln wollen, so sollten Sie darauf achten, dass diese Ausbildung systematisch und verbindlich vonstattengeht. Um genau festzulegen, welche Lernfelder oder Optimierungspotenziale angegangen werden und welche konkreten Flankierungs- und Unterstützungsmaßnahmen ergriffen werden sollen, sollte eine verbindliche Entwicklungsplanung stattfinden. In einem Gespräch zu Beginn der Einarbeitungsphase wird dabei gemeinsam ein Lern- und Entwicklungsplan erarbeitet. In diesem gilt es Entwicklungsziele, Maßnahmen, Zeiträume und Verantwortlichkeiten genau zu dokumentieren. Ein beispielhafter Entwicklungsplan mit ausformulierten Maßnahmen findet sich online unter www.projektmagazin.de/klartext.

4 Konflikte meistern und Krisen überwinden

Hat das Projekt einmal Fahrt aufgenommen, kann man die Rolle des Projektleiters als die eines Energiemanagers bezeichnen. Der Projektleiter hat dafür Sorge zu tragen, dass die beim Start mobilisierte Energie im Team erhalten bleibt und gegen Störeinflüsse geschützt wird. Schwierig wird dies, wenn Sie es mit Energiefressern zu tun bekommen:

- Ein Mitarbeiter beschwert sich bei Ihnen über ein anderes Teammitglied. Sie geraten in eine Zwickmühle: Welche Partei unterstützen Sie?

- Einer Ihrer Mitarbeiter bietet Anlass zur Kritik. Welche Wege stehen Ihnen offen, um die Dinge zwar beim Namen zu nennen, den Mitarbeiter aber nicht zu demotivieren?

- Sie beobachten, wie Ihr Team in Subgruppen zerfällt und die Cliquen mehr gegen- als miteinander arbeiten. Wie umschiffen Sie die daraus entstehenden Energiefallen?

- Ein besonders langwieriges Projekt dehnt sich wie ein Kaugummi, die Puste geht langsam aus. Wie erhalten Sie die Teamenergie aufrecht und entwickeln Ausdauer?

Gegenseitiges Anschwärzen – so entgehen Sie der Zwickmühle

»» DAS SZENARIO

Ein Mitarbeiter kam auf mich zu und beschwerte sich über die mangelnde Teamfähigkeit einer Kollegin, insbesondere das von ihm als rücksichtslos empfundene Auftreten der Kollegin in einigen Besprechungen. Die Mitarbeiterin war bekanntermaßen selbstbewusst und zielstrebig. Angeblich war sie ihrem Kollegen in einer Projektsitzung mehrfach über den Mund gefahren, hatte diesen im Beisein von Externen korrigiert und einige seiner Aussagen als „Blödsinn" bezeichnet. Der ohnehin zurückhaltende Kollege war dadurch weiter verunsichert worden und bat mich nun, von der Kollegin ein besseres Teamverhalten einzufordern, schließlich hätte ich immer betont, wie wichtig mir eine funktionierende Zusammenarbeit sei. Da war sie, die Zwickmühle! Wie sollte ich mich verhalten?

Wege zur Lösung

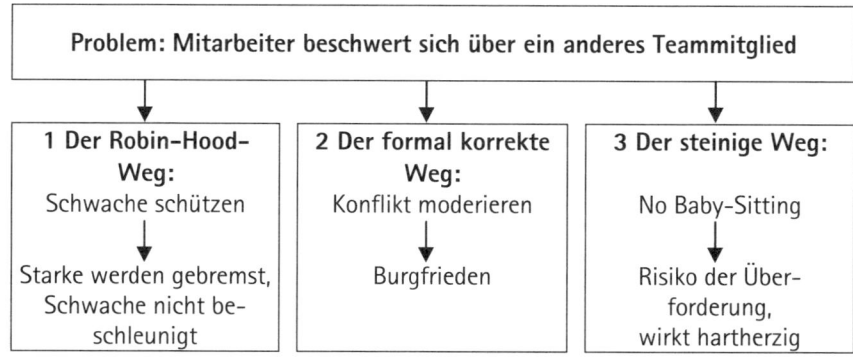

Problem: Mitarbeiter beschwert sich über ein anderes Teammitglied		
1 Der Robin-Hood-Weg: Schwache schützen ↓ Starke werden gebremst, Schwache nicht beschleunigt	**2 Der formal korrekte Weg:** Konflikt moderieren ↓ Burgfrieden	**3 Der steinige Weg:** No Baby-Sitting ↓ Risiko der Überforderung, wirkt hartherzig

1 Der Robin-Hood-Weg: Schwache schützen

Sie müssen nicht gleich als Rächer der Enterbten auftreten, die Grundidee dieses Weges erinnert aber schon stark an die Legende von Robin Hood. Er sieht vor, dass Sie sich schützend vor das schwächere Teammitglied stellen und Ihren Anspruch einer konstruktiven und menschlichen Zusammenarbeit gegenüber denjenigen durchsetzen, welche die Regeln verletzen.

Praktisch würden Sie das Gespräch mit dem Teammitglied, über das eine Beschwerde vorliegt, suchen und dabei die kritischen Punkte mehr oder weniger direkt zur Sprache bringen. Tatsächlich stehen Ihnen zwei Wege offen, wie Sie das Gespräch mit dem beschuldigten Teammitglied führen können:

1 Die „Ross-und-Reiter-Nennen"-Variante: Ihnen liegt der direkte Stil? Dann würden Sie vermutlich zu Beginn des Gesprächs die Karten auf den Tisch legen und von dem anderen Teammitglied und der vorgebrachten Beschwerde berichten. Anschließend würden Sie Ihren Gesprächspartner bitten, zu den Vorwürfen Stellung zu beziehen.

2 Die „Herumeiern"-Variante: Ihnen liegt der diplomatische Stil? Dann würden Sie vermutlich nicht erwähnen wollen, dass eine Beschwerde vorliegt und vor allem nicht, von wem. Sie würden dann vielmehr allgemein nach dem Eindruck Ihres Gegenübers zur bisherigen Zusammenarbeit fragen und auf Aussagen zur eigentlichen Problematik lauern.

Was die Wahl zwischen den Alternativen einfach macht: Beide Varianten sind zum Scheitern verurteilt! Als Projektleiter können Sie nur verlieren, wenn Sie sich vor den Karren eines sich beschwerenden Teammitglieds spannen lassen. Ihr Gesprächspartner wird verärgert reagieren, entweder, weil der Kollege nicht direkt die Aussprache gesucht, sondern den Vorgesetzten einbezogen hat, oder weil Sie als Projektleiter mit vagen Andeutungen arbeiten und die volle Wahrheit nicht offen legen. In beiden Gesprächsvarianten werden Sie noch mehr Öl ins Feuer gießen.

PRO

Qualität: Sie setzen sich ein und kämpfen für das Arbeitsklima. Sie zeigen damit, wie wichtig Ihnen die Qualität der Zusammenarbeit innerhalb des Projektteams ist.

 CONTRA

Qualität: Wenn Sie sich in Robin-Hood-Manier für die schwächeren Teammitglieder einsetzen, werden Sie diese nicht verbessern. Andererseits bremsen Sie mit Ihrem Verhalten die Leistungsträger und Erfolgsorientierten in Ihrem Team. In der Summe bleibt eine negative Produktivitätsbilanz.

Karriere: Wenn Sie weiterkommen wollen, dürfen Sie die Mitarbeiter, die leistungsfähig und zielstrebig sind, nicht verprellen. Versuchen Sie lieber, die langsamen Teammitglieder zu beschleunigen, als die schnellen zu bremsen.

Termine: Die Balance zwischen Ziel- und Teamorientierung muss gewahrt bleiben. Wenn Sie unangemessen viel Aufmerksamkeit auf die teaminternen Zwistigkeiten verwenden, verlieren Sie Ihre Fristen und Ziele aus den Augen.

Fazit: Wann dieser Weg Erfolg verspricht

Bei allem Verständnis, sich für schwächere Teammitglieder einsetzen zu wollen, rate ich von dem Robin-Hood-Weg ab. Die Nachteile überwiegen, insbesondere in der langfristigen Zusammenarbeit. Selbst wenn es Ihnen gelingen sollte, einen formalen Waffenstillstand zwischen den streitenden Teammitgliedern zu vermitteln, wird das schwächere Teammitglied nicht die nötige Akzeptanz bei den Kollegen erreichen. Die Akzeptanz unter Kollegen muss sich jedes Teammitglied selbst erkämpfen, so hart das klingt. Im Zweifel betonen Sie indirekt die Schwäche eines Mitarbeiters, wenn Sie sich für ihn bei anderen einsetzen.

Verwenden Sie Ihre Energie lieber darauf, den Schwächeren in einer persönlichen Begleitung besser zu machen und ihn zu befähigen, mit den Leistungsträgern im Team mitzuhalten.

2 Der formal korrekte Weg: Konflikt moderieren

Lehrbuchartig korrekt gingen Sie als Projektleiter vor, wenn Sie auf die Beschwerde des Mitarbeiters über den Teamkollegen mit dem Einberufen eines Dreiergesprächs reagierten. Unter der Beachtung der wichtigsten Regeln der Konfliktmoderation (siehe gleichnamiges Tool auf S. 178) würden Sie zunächst die eine Partei, dann die andere Partei um die Darstellung der jeweiligen Sichtweisen bitten und anschließend beide Parteien um Lösungsvorschläge bitten.

Das angestrebte Ergebnis einer Konfliktmoderation besteht in der Vereinbarung einer Vorgehensweise zum zukünftigen Umgang mit dem Konfliktgegenstand. Da Konflikte neben dem sachlogischen Inhalt immer auch Emotionen und Beziehungsaspekte beinhalten, sollten in jedem Fall Absprachen zur weiteren Zusammenarbeit getroffen werden. Dies kann beispielsweise durch die Vereinbarung von Spielregeln geschehen.

VORSICHT BOMBE!

Systemisch betrachtet sind Sie als Projektleiter immer auch Teil des Konflikts, auch wenn dieser vordergründig zwischen zwei Mitarbeitern Ihres Teams ausgetragen wird. So bilden Sie sich eine Meinung über die Mitarbeiter während der Diskussion. Und Sie haben eigene Eisen im Feuer, schließlich sind Sie für die Projektergebnisse und die Außendarstellung Ihres Teams verantwortlich. Wirklich neutral können Sie in der Rolle des Konfliktmoderators nicht sein.

So entschärfen Sie die Bombe

1 Enthalten Sie sich jeglicher wertender Aussage zur Person oder zum Verhalten der beteiligten Mitarbeiter.
2 Verkneifen Sie sich eigene Lösungsvorschläge.
3 Binden Sie notfalls einen externen Moderator ein.

 **PRO**

Termine: Gelingt es Ihnen durch eine erfolgreiche Konfliktmoderation, die Energie und Aufmerksamkeit der Teammitglieder rasch wieder auf die eigentlichen Projektziele zu fokussieren, verschwenden Sie keine Zeit mit internen Streitigkeiten.

Karriere: Sie beweisen mit dem Einberufen eines Dreiergesprächs, dass Sie auf Störsignale im Team unmittelbar reagieren und Ihre Führungsaufgabe ernst nehmen.

 CONTRA

Qualität: Sie können mit einer Konfliktmoderation einen Burgfrieden herstellen, der üblicherweise für ein temporäres berufliches Miteinander ausreichend ist. Eine Auflösung der vorhandenen Gegensätze erreichen Sie mit einem Dreiergespräch nicht. Eine tiefergehende Klärung der Beziehung der beiden Mitarbeiter müssen diese im Endeffekt schon selbst hinbekommen.

Kosten: Falls Sie einen externen Moderator hinzu rufen, produzieren Sie Kosten. Bedenken Sie zudem die Arbeitszeit, die Sie für eine Konfliktmoderation von allen Beteiligten beanspruchen.

Fazit: Wann dieser Weg Erfolg verspricht

Eine Konfliktmoderation ist insbesondere angebracht, wenn

- die Beziehung der beteiligten Mitarbeiter derart verhärtet ist, dass diese meinen, nicht mehr direkt miteinander reden zu können,

- Sie als Projektleiter einen Einigungsdruck auf die streitenden Parteien ausüben wollen,

- die Kraft- und Machtverhältnisse zwischen den streitenden Mitarbeitern derart ungleich verteilt sind, dass ohne Konfliktmoderation ein Sieg-Frieden mit Gesichtsverlust für den Unterlegenen der wahrscheinlichste Ausgang des Konflikt wäre,

- Sie als Projektleiter den aufgetretenen Konfliktfall als willkommenen Anlass nutzen wollen, um eine grundsätzliche Klärung dieses Konfliktfeldes herbeizuführen.

3 Der steinige Weg: No Baby-Sitting

Bei diesem Weg setzen Sie einmal mehr auf das Prinzip der Eigenverantwortung. Wenn Sie nicht immer wieder als Babysitter Ihrer Mitarbeiter gefragt sein wollen, kommen Sie um diesen Weg nicht herum. Es geht darum, einen sich bei Ihnen beschwerenden Mitarbeiter darauf aufmerksam zu machen, dass er selbst für die Lösung des Problems die Verantwortung trägt.

Wenn Sie diesen Weg gehen, achten Sie darauf, dass

- Sie zunächst Verständnis für die Sicht des sich beschwerenden Mitarbeiters signalisieren,

- Sie in jedem Fall nach den bereits erfolgten Lösungsversuchen des Mitarbeiters fragen,

- Sie über die Methode des Paraphrasierens (siehe gleichnamiges Tool auf S. 179) sicherstellen, den Mitarbeiter richtig verstanden zu haben,

- anschließend nach den Erwartungen des Mitarbeiters an Sie als Projektleiter fragen,

- deutlich machen, dass es aus Ihrer Sicht keinen Sinn macht, für den Mitarbeiter Robin Hood zu spielen, sondern dass

- Sie erwarten, dass der Mitarbeiter diesen Konflikt direkt mit dem es betreffenden Kollegen austrägt.

Abschließend können Sie dem Mitarbeiter Tipps und Anregungen geben, wie er die Aussprache mit der Gegenpartei vornehmen und eine Problemlösung erreichen kann.

PRO

Kosten: Finanziell belastet dieser Weg Ihre Projektbudgets nicht. Bei solchen zwischenmenschlichen Schwierigkeiten im Team, die ein Risiko für die Kostenseite des Projekts bedeuten, müssen Sie sicherstellen, dass die Mitarbeiter auch wirklich eine Klärung des Konflikts vornehmen.

Karriere: Wenn Sie eine Kultur im Team schaffen, in der Konflikte direkt zwischen den Mitarbeitern besprochen und geklärt werden, haben Sie weniger Ärger und Arbeit. Sie können Ihre Ressourcen als Führungskraft in andere, eher strategische Fragen investieren.

Qualität: Wenn Sie den sich beschwerenden Mitarbeiter so stärken, dass er eigenständig die Aussprache mit der anderen Partei vornimmt, haben Sie eine grundsätzliche Klärung des Konflikts initiiert. Die Wahrscheinlichkeit, dass der Konflikt im späteren Verlauf des Projekts erneut aufkommt, ist nach dieser Methode am geringsten.

 CONTRA

Termine: Wenn Sie sich aus dem Konfliktfall zwischen zwei Ihrer Mitarbeiter heraushalten, müssen Sie dennoch sicherstellen, dass der Konflikt bearbeitet wird. Schwelende Teamprobleme können im Verlauf des Projekts zu bösen Energiefressern werden, die Ihre Endtermine gefährden.

Fazit: Wann dieser Weg Erfolg verspricht

Dieser Weg heißt nicht ohne Grund: Der steinige Weg. Es ist naheliegender und einfacher als Projektleiter, sich der Teamkonflikte anzunehmen und durch Einflussnahme oder Ausspielen der Chefkarte eine rasche Entscheidung herbeizuführen. Das Steinige an diesem Weg ist zum einen, wie Sie als Vorgesetzter wirken (hart und unnachgiebig), zum anderen die Dauer und Schwierigkeit des Prozesses der Konfliktklärung zwischen den Kollegen. Sie kommen aber nicht um diesen Weg umhin, wenn

- Sie eine nachhaltige Klärung der Konflikte auf der Beziehungsebene erreichen wollen,
- Sie zukünftig weniger Teamkonflikte auf dem Tisch haben wollen,
- Sie Ihre Mitarbeiter wachsen lassen wollen.

Mein Weg: Klärung der Adressatenfrage

Als der Mitarbeiter sich bei mir über die aus seiner Sicht nicht teamorientierte Kollegin beschwerte, führte ich das Gespräch nach der im steinigen Weg beschriebenen Struktur. Ich warf die Adressatenfrage auf, hinterfragte also beim Mitarbeiter, ob er seine Beschwerde nicht besser direkt an die es betreffende Kollegin richten sollte. Er stimmte mir zu, signalisierte aber, dass er keinen Weg sah, sein Anliegen wirkungsvoll bei der selbstbewussten und wenig zugänglichen Kollegin zu platzieren. Den Rest des Gesprächs nutzten wir dann, um mögliche Herangehensweisen und Formulierungen einer entsprechenden Kollegen-Aussprache zu entwickeln (siehe hierzu das Tool „Leitfaden für Feedbackgespräche" auf S. 183). Es stellte sich nicht mehr die Frage, ob ich als Projektleiter intervenieren sollte oder nicht.

Wie es ausging? Der Mitarbeiter suchte tatsächlich ein persönliches Gespräch mit der Kollegin. Sie reagierte überrascht und wollte das Thema schnell abtun. Darauf war der Kollege vorbereitet und konterte entsprechend schlagfertig. Durch präzise und nicht weinerliche Ich-Botschaften bewerkstelligte er es, zumindest eine gewisse Betroffenheit bei der Kollegin zu schaffen. Es gelang den beiden Projektmitarbeitern nicht, die Problematik bis zur Vereinbarung von detaillierten Spielregeln durchzudiskutieren. Da das Thema aber nun schon einmal auf dem Tisch gewesen war, reichte es in der Folge, dass der Mitarbeiter seiner Kollegin bei allzu forschem Auftreten in Projektsitzungen ein kleines Erinnerungssignal gab, das mit der Zeit zum Running Gag im Team wurde. Die selbstbewusste Kollegin hatte gelernt, über ihre bisweilen zu offensive und verbissene Ergebnisorientierung zu lachen, der schwächere Mitarbeiter hatte einen Weg gefunden, seine Befindlichkeiten auszudrücken, ohne als Schwächling dazustehen.

KLARTEXT: ANSCHWÄRZEN – DER ZWICKMÜHLE ENTGEHEN

1 Wer sich vor einen Karren spannen lässt, muss sich nicht wundern, wenn er die Hauptlast ziehen muss. Entgehen Sie der Zwickmühle, indem Sie die Eigenverantwortung Ihrer Mitarbeiter betonen und einfordern.

2 Gießen Sie Ihren Mitarbeitern lieber Beton in den Rücken, als selbst die Schutzmauer zu spielen.

3 Eine gute Aussprache ist wie ein klärendes Gewitter. Danach läuft die Arbeit spannungsfreier.

4 Überfordern Sie sich als Projektleiter nicht: Häufig reicht es in Projekten, Burgfrieden zu halten. Ein durch und durch harmonisches Miteinander kommt selbst in den besten Familien selten vor.

5 Eine Beschwerde sagt mehr über den Beschwerdeführer aus, als über den Angeklagten. Hören Sie genau hin und erkennen Sie die Ängste des Mitarbeiters, der sich über andere beschwert, denn hier liegen die Ansätze zur Problemlösung.

Kritisches Feedback wirkungsvoll vermitteln

Einer meiner Projektmitarbeiter war eine echte Diva. Er liebte es, im Rampenlicht zu stehen, Präsentationen zu halten und Applaus zu bekommen. Für unser Projekt war er unersetzlich, zum einen für die externe Kommunikation, zum anderen aber auch als politisch wichtiges Bindeglied zum Lenkungsausschuss. Leider war er kein guter Teamplayer: Er hielt sich nicht an Absprachen, improvisierte in Besprechungen ohne inhaltliches Fundament und sagte Dinge zu, die wir als Projektteam nicht einhalten konnten. Wenn man ihn kritisierte, war er sofort eingeschnappt. Wie konnte ich ihm ein Feedback geben, das ihn zu einem anderen Verhalten bewegte, ohne ihn zu demotivieren?

Wege zur Lösung

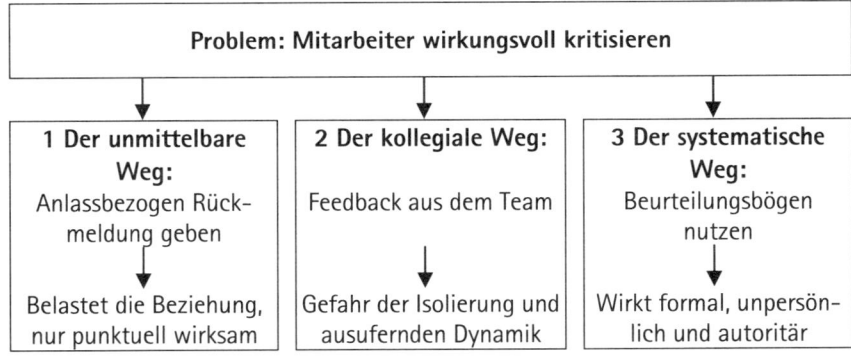

1 Der unmittelbare Weg: Anlassbezogen Rückmeldung geben

Jahrzehntelange Forschung hat gezeigt, dass die Wirkung von Feedback genau dann besonders hoch ist, wenn das Feedback

- zeitnah auf das gezeigte Verhalten erfolgt,
- auf die Chance folgt, sich eigenständig ausprobiert und Fehler gemacht zu haben,
- ausführlich ist und nicht nur in einem knappen Richtig oder Falsch besteht,
- den Lösungsweg nicht detailliert vorschreibt, sondern eigenes Mitdenken und Problemlösen anregt.

Der unmittelbare Weg berücksichtigt diese Forschungserkenntnisse. Er sieht vor, den Projektmitarbeitern anlassbezogen Feedback zu geben: Fällt Ihnen als Projektleiter ein nicht erwünschtes Verhalten bei einem Mitarbeiter auf, so verschaffen Sie sich zeitnah die Gelegenheit zu einem vertraulichen Vier-Augen-Gespräch und sprechen ihn auf das Fehlverhalten an.

Damit Ihr Feedback die gewünschte Steuerungswirkung entfaltet, muss es für den Mitarbeiter annehmbar sein. Dies erreichen Sie durch die Einhaltung der Grundprinzipien von gutem Feedback (siehe gleichnamiges Tool auf S. 181).

Erwarten Sie nicht, dass der Mitarbeiter das eigene Fehlverhalten sofort einsieht. Es hat durchaus etwas Gesundes und Selbstwertschützendes, wenn man nicht überkritisch mit sich selbst ins Gericht geht, also reagieren Sie nicht empört, wenn Sie im Feedbackgespräch eine Selbstbild-Fremdbild-Diskrepanz feststellen. Das Modell zu den 5-Stufen der Problemerkenntnis (siehe gleichnamiges Tool auf S. 183) hat mir in schwierigen Mitarbeitergesprächen schon oft gute Dienste geleistet.

VORSICHT BOMBE!

Die Gefahr, mit einem offenen, direkten und ehrlich gemeinten Feedback über die Grenzen des Annehmbaren hinaus zu schießen, ist riesig. Wenn Sie ein kritisches Feedback auf der Basis einer ohnehin angespannten und durch Misstrauen geprägten Beziehung vermitteln, werden Sie das Gegenteil Ihres erwünschten Effektes erreichen: Demotivation, Frustration und innere Kündigung des Mitarbeiters.

So entschärfen Sie die Bombe

1   Beziehen Sie Ihr Feedback immer auf das Verhalten des Mitarbeiters („Was tust Du?") und greifen Sie nie seine Identität an („Wer bist Du?").

2   Machen Sie deutlich, dass Sie den Mitarbeiter kritisieren, eben weil Sie ein hohes Interesse daran haben, mit ihm zukünftig weiterzuarbeiten. Sie machen sich die Mühe, ihn zu kritisieren, weil Sie ihn besser und noch wertvoller für das Projektteam machen wollen.

 PRO

Termine: Anlassbezogenes Feedback erfolgt zeitnah nach dem Auftreten des zu kritisierenden Verhaltens des Mitarbeiters. Sie reagieren unmittelbar und verschenken keine Zeit bis zur Korrektur von Fehlern.

Qualität: Wenn Sie eng mit Ihren Mitarbeitern zusammenarbeiten, können Sie drohende Fehler und unangemessene Vorgehensweisen identifizieren, bevor es zu Qualitätseinbußen im Projekt kommt.

Karriere: Gelingt es Ihnen, Ihr Feedback annehmbar und wirkungsvoll zu formulieren, helfen Sie Ihren Mitarbeitern, sich persönlich weiterzuentwickeln. Mittelfristig geht es in Ihrer Karriere nicht mehr darum, eine optimale Einzelleistung zu erbringen, sondern Mitarbeiter zu befähigen, mehr Verantwortung zu übernehmen. Das Entwickeln von Mitarbeitern ist originär Ihre Aufgabe als Führungskraft.

 CONTRA

Qualität: Anlassbezogenes Feedback bezieht sich stets auf spezifische Situationen. Eine nachhaltige Verbesserung des Mitarbeiters im Sinne des Aufbaus von generalisierbaren Kompetenzen ist damit noch nicht gesichert. Hierzu müssten andere Feedbackinstrumente hinzu kommen, beispielsweise turnusmäßig wiederkehrende Beurteilungs- und Entwicklungsgespräche.

Fazit: Wann dieser Weg Erfolg verspricht

Auf anlassbezogenes Feedback sollten Sie in keinem Projekt verzichten. Es ist nicht nur notwendig zur Qualitätssicherung und optimalen Leistungserbringung im laufenden Projekt, sondern auch die Basis für die Weiterentwicklung der Kompetenzen jedes Einzelnen und des Projektteams für andere Aufgaben und zukünftige Herausforderungen.

Nicht jeder Mitarbeiter ist jedoch bereit, sich relativ spontan anlassbezogenes Feedback anzuhören und sein Verhalten zu überdenken. Es besteht durchaus die Gefahr, dass z. B. divenhafte Mitarbeiter beleidigt reagieren und zu keiner weiteren Unterhaltung bereit sind. In solchen Fällen bedarf es meist erst einmal einer grundsätzlichen Klärung der Rolle des Mitarbeiters im Team, um auf diesem Weg die Basis für ein unmittelbares, anlassbezogenes Feedback zu legen.

2 Der kollegiale Weg: Feedback aus dem Team

Typischerweise überschätzen Führungskräfte die Qualität und Relevanz ihres eigenen Feedbacks für einen Mitarbeiter und unterschätzen die mögliche Güte des Feedbacks der Kollegen des Mitarbeiters. Kollegenfeedback ist meiner Erfahrung nach von erheblicher Bedeutung für Mitarbeiter, weil es als unvoreingenommener, nicht instrumentell und damit ehrlicher wahrgenommen wird. Kollegenfeedback ist aber seltener anzutreffen als Feedback top-down, weil es nicht zwangsläufig zum Rollenmodell von Kollegen gehört.

Als Projektleiter lohnt es sich, Plattformen und institutionalisierte Gelegenheiten für ein Feedback untereinander zu schaffen. Sie können daran teilnehmen, haben aber keine größeren Rechte oder Redeanteile als die Mitarbeiter. Es ist auch möglich, dass Sie sich als Vorgesetzter aus dem Kollegenfeedback gänzlich heraushalten und lediglich den Rahmen setzen und vielleicht noch die Spielregeln festlegen für ein konstruktives Kollegenfeedback.

PRO

Karriere: Gelingt es Ihnen, eine Teamkultur der Wertschätzung und des konstruktiven, gegenseitigen Feedbacks zu etablieren, haben Sie wahre Führungsqualitäten unter Beweis gestellt.

Qualität: Die Wirkung eines offenen Kollegenfeedbacks ist nicht zu unterschätzen. Es zeigt den Mitarbeitern ihre blinden Flecke auf und ermöglicht kontinuierliche, persönliche Wachstumsprozesse, von denen das gesamte Projektteam profitiert.

 **CONTRA**

> **Termine:** Für Kollegenfeedback brauchen Sie Ruhe und Zeit. Zeit, die Sie typischerweise in eng terminierten Projekten nicht haben. Wenn Sie sich aber die Zeit für interne Feedbackrunden nicht nehmen, erinnern Sie als Projektleiter an den Waldarbeiter, der vor lauter Baumfällen keine Zeit findet, seine Axt zu schärfen.

Fazit: Wann dieser Weg Erfolg verspricht

Der kollegiale Weg des Teamfeedbacks eignet sich besonders für den inhaltlich-sachlogischen Teil der Zusammenarbeit im Projekt, beispielsweise zu Themen wie

- Informationsfluss, organisatorische Fragen, Projektablage etc.
- Abstimmungsfragen zwischen Teilprojektteams
- Reaktionsgeschwindigkeit auf interne E-Mail- oder Mailbox-Nachrichten
- Termintreue bei Meetingzeiten oder Lieferfristen usw.

Weniger einfach, aber dennoch hilfreich ist das Kollegenfeedback, wenn es darum geht, einem Teammitglied von den Kollegen eine Rückmeldung über dessen Außenwirkung und die wahrgenommene Rolle im Team zu geben. Es könnte sich als großer Fehler erweisen, als Projektleiter ein Teamfeedback zu etablieren, das sehr persönlich wird.

Es kommt dann ganz wesentlich darauf an, dass das Feedback wirklich als Hilfe und Unterstützung beim Empfänger ankommt. Und achten Sie darauf, dass sich keine Negativdynamik in der Gruppe entwickelt, wenn sich die einzelnen Gruppenmitglieder in ihren kritische Äußerungen gegenseitig überbieten wollen. Es ist nur allzu leicht für die Mehrheit einer Gruppe, einen Sündenbock an den Pranger zu stellen.

3 Der systematische Weg: Beurteilungsbögen nutzen

Der Einsatz von Beurteilungssystemen für Mitarbeiter ist weit verbreitet und etabliert sich auch zunehmend in der Projektpraxis. Als Führungskraft nehmen Sie eine Einschätzung darüber vor, wie stark diverse berufsbezogene Persönlichkeitseigenschaften oder Verhaltensdimensionen bei einem Mitarbeiter ausgeprägt sind. Die mit einem Beurteilungssystem verbundenen Erwartungen und Ziele sind vielfältig:

- Sie vermitteln allen Mitarbeitern ein differenziertes Feedback, das sich durch die Vollständigkeit der vorgegebenen Kriterien nicht nur auf die Defizite des Mitarbeiters bezieht, sondern auch die 80 bis 90 % der Tätigkeit, die ein Mitarbeiter gut und reibungslos ausfüllt, positiv mit einbezieht.

- Sie ermitteln den Status-quo des Mitarbeiters vor dem Hintergrund eines spezifischen Leistungskatalogs. Auf der Basis dieser Ist-Aufnahme können Sie Lernfelder definieren und den Mitarbeiter gezielt in den schwächeren Bereichen fördern und Kompetenzdefizite aufarbeiten (siehe hierzu auch das Tool „Lern- und Entwicklungspläne" auf S. 140).

- Sie nehmen eine Leistungseinschätzung des Projektmitarbeiters vor. In manchen Unternehmen werden diese Projektbeurteilungen ein Teil der Personalakte und dienen in der Folge als Informationsbasis für Fragen der Beförderung und Potenzialanalyse, der Vergütung oder der zukünftigen Projektbesetzungen.

Falls Ihr Unternehmen keine systematischen Beurteilungsbögen vorsieht, können Sie sich als Projektleiter rasch ein entsprechendes System entwickeln, vorausgesetzt, Sie haben sich zu Beginn der Projektarbeit die Mühe gemacht, ein kompetenzbasiertes Anforderungsprofil zu erstellen (siehe hierzu das Tool „Grundstruktur von Anforderungen" auf S. 49).

Wenn Sie das Anforderungsprofil mit einer sinnvollen Beurteilungsskala versehen, erhalten Sie ein Beurteilungssystem. Ein Standardkompetenzprofil für Projektmitarbeiter finden Sie unter www.projektmagazin.de/klartext.

VORSICHT BOMBE!

Es gibt bei Führungskräften eine große Varianz in der Durchführungsqualität von Beurteilungsgesprächen. Ein wesentliches Unterscheidungsmerkmal ist dabei, ob Sie sich als Führungskraft das Beurteilungssystem zu Nutze machen, oder ob Sie es als bürokratische Formalität abtun. Die Mitarbeiter merken Ihnen Ihre Einstellung zu der systematischen Beurteilung an: Wenn Sie sie nicht ernsthaft nutzen, werden die Mitarbeiter den Wert Ihres Feedbacks nicht erkennen.

So entschärfen Sie die Bombe

1 Machen Sie deutlich, dass es in Ihrem eigenen Interesse als Projektleiter liegt, die Mitarbeiterbeurteilung anhand eines Kriterienkatalogs vorzunehmen.

2 Nutzen Sie die vorgegebenen Bewertungskriterien nur als Stichwortgeber und interpretieren Sie diese mit Ihren eigenen Worten und Beispielen.

3 Bringen Sie nicht mehr Formalität als nötig in das Gespräch. Lassen Sie vielmehr einen Redefluss entstehen und fokussieren Sie sich auf die aus Ihrer Sicht bedeutendsten Kriterien.

 PRO

Qualität: Der Einsatz eines Beurteilungssystems beugt der subjektiven Sicht auf die Dinge vor und hilft Ihnen, die Feedbackgespräche mit Mitarbeitern zu strukturieren. Zudem haben Sie eine größere Gewähr der Vollständigkeit und durch die Vielzahl an Bewertungskriterien eine qualitativ ausgewogenere Beurteilung.

Karriere: Anhand von Beurteilungssystemen wird die Vertikalität in der Beziehung zwischen Ihnen als Projektleiter und den Mitarbeitern deutlich. Auch wenn Sie ansonsten nahezu freundschaftlich mit den Mitarbeitern kooperieren, bei Beurteilungen wird die Hierarchie deutlich. Hier können Sie Leadership demonstrieren, aber Vorsicht: Verstecken Sie sich nicht hinter der (geliehenen) Autorität eines Beurteilungssystems.

 CONTRA

Termine: Die meisten Projekte, die ich kenne, sind durch enge Terminvorgaben und knappe Zeitressourcen gekennzeichnet. Häufig bleibt dabei keine Zeit für eine ausführliche Manöverkritik oder individuelle Feedback- und Beurteilungsgespräche. In jedem Fall müssen Sie für ein Feedbackgespräch auf der Basis eines systematischen Beurteilungsbogens neunzig Minuten pro Mitarbeiter einplanen.

Fazit: Wann dieser Weg Erfolg verspricht

Der Einsatz eines Beurteilungssystems für Mitarbeiter hat klare Vorteile, trotz des nicht unerheblichen Zeitbedarfs. Es eignet sich insbesondere für Projekte mit langer Laufzeit und für Unternehmen oder Unternehmensbereiche, in denen die Mitarbeiter bedingt durch die Organisationsstruktur nahezu permanent in Projekte eingebunden sind.

Allerdings kann der systematische Weg in manchen Situationen zu unpersönlich und bürokratisch wirken. Verstecken Sie sich nicht hinter einem Beurteilungsformalismus, wenn es um eine konkrete und anlassbezogene Rückmeldung geht. Zudem können Sie in Erklärungsnot gelangen, wenn Sie während des Projektes nur mit bestimmten Mitarbeitern Beurteilungsgespräche führen, mit anderen allerdings nicht.

Ich vertrete die Ansicht, dass negatives Feedback in einem Beurteilungsgespräch nicht überraschen darf. Als Projektleiter sollte ich bereits im Verlauf der Zusammenarbeit kontinuierlich Rückmeldungen über positive und negative Verhaltensweisen geben. Beides hat seine Berechtigung: das anlassbezogene wie das systematische Feedback in Form von Beurteilungsgesprächen.

Mein Weg: Grundsatzgespräch, dann anlassbezogenes Feedback

Ich wusste von der Gefahr, dass der divenhafte Projektmitarbeiter auf Feedback beleidigt reagieren und sich im Extremfall gänzlich von der Projektarbeit zurückziehen könnte. Aufgrund seiner guten politischen Vernetzung im Unternehmen hätte dies nicht nur einen Verlust an Kompetenz und Knowhow im Projektteam selbst bedeutet, sondern wäre voraussichtlich bei meinen Vorgesetzten auf Unverständnis und Irritation gestoßen. Als musste ich einen Weg finden, wie ich den Mitarbeiter geschickt zu einem anderen Verhalten bewegen konnte, ohne ihn zu verprellen.

Ich entschied mich für einen zweistufigen Weg mit Zusatzoption. In einem ersten Schritt suchte ich das persönliche Gespräch mit dem Mitarbeiter. Ich investierte in diesem Gespräch viel Zeit und Energie in die Vermittlung von Lob und Anerkennung und einen positiven Beziehungsaufbau. Mit dem Wissen um das Modell der 5-Stufen-der-Problemerkenntnis (siehe Tool „Leitfaden für Feedbackgespräche" auf S. 183) erkannte ich, dass der Mitarbeiter kein Problembewusstsein hatte. Ich zeigte ihm daraufhin zwei Negativbeispiele aus eigener Anschauung auf und machte die negativen Auswirkungen seines Verhaltens für das gesamte Team und unsere gemeinsamen Projektziele deutlich. Gemeinsam ergründeten wir dann die Ursachen des Fehlverhaltens und suchten nach möglichen Alternative. Am Ende gab der Mitarbeiter sein Commitment ab, zukünftig auf die besprochenen Aspekte besser zu achten.

Besonders wichtig war mir in diesem grundsätzlichen Gespräch, einen fortlaufenden Feedbackprozess mit dem Mitarbeiter zu vereinbaren. Ich holte mir von ihm das Mandat ein, ihn anlassbezogen auf die besprochenen Verhaltensaspekte aufmerksam zu machen, sobald mir diese in der täglichen Zusammenarbeit auffielen.

Wie es ausging? Wie nicht anders zu erwarten gewesen war, verfiel der Mitarbeiter nach unserem Grundsatzgespräch rasch in alte Verhaltensweisen und leistete sich alsbald den nächsten Alleingang. Nun hatte ich aber ein leichtes Spiel, ihn auf die Defizite direkt anzusprechen. Er zeigte sich lernwillig und bereit, das Feedback anzunehmen. Im Verlauf der Zusammenarbeit hielt er sich fast immer an die teaminternen Absprachen und band die Kollegen aktiv mit ein.

Nun war für mich der geeignete Zeitpunkt gekommen, um meine Zusatzoption zu ziehen: Ich fragte den Mitarbeiter, ob er an einem persönlichen Feedback durch seine Teamkollegen interessiert sei. Als er sich einverstanden erklärte, organisierte ich eine Teamrunde nur zu dem Zweck, dem bis dahin als Einzelkämpfer bekannten Kollegen ein Feedback zu vermitteln. Das Teamfeedback wurde von allen Seiten Ernst genommen, war sehr tief gehend und führte zu einigen bewegenden Momenten. Alle Teammitglieder hatten die positive Veränderung des Mitarbeiters bemerkt und bestärkten ihn, diesen kooperativen Weg weiterzugehen. Den Applaus, den der Mitarbeiter sich üblicherweise von Dritten holte, bekam er nun aus dem Team heraus.

1. Auch wenn Sie lieber loben: Das eigentliche Wachstumspotenzial liegt im Kritisieren.

2. Vergessen Sie Feedbackregeln. Ob Ihr kritisches Feedback annehmbar und damit wirksam ist, zeigt sich nicht an Stil- oder Technikfragen, sondern ausschließlich an Ihrer Beziehung zum Mitarbeiter.

3. Verweigern Sie sich einem formalen Beurteilungssystem, wenn Sie sich nicht damit identifizieren können. Andernfalls verkommt es zur bürokratischen Farce.

4. Auch wenn wir uns als Führungskräfte lieber selber reden hören: Das Feedback von Kollegen aus der eigenen Gruppe heraus hat eine erhebliche Relevanz und kann eine höhere Wirksamkeit entwickeln als Ihre Rückmeldungen als Projektleiter.

5. Sagen Sie besser nichts, wenn der Mitarbeiter es ohnehin nicht ändern kann.

4

Cliquenbildung und Gerangel – wie Sie keine Energie verschwenden

 DAS SZENARIO

Bei der Teamzusammenstellung für ein Projekt war darauf geachtet worden, möglichst alle es betreffenden Unternehmensbereiche angemessen zu repräsentieren. Im Verlauf der Arbeit zeigte sich jedoch, dass die Loyalität der Teammitglieder nicht dem Projekt galt, sondern ihren Vorgesetzten und Abteilungen in der regulären Linienorganisation. Das Team zerfiel immer spürbarer in Subgruppen, es gab viel interne Politik, verdeckte Absprachen, Gerüchte und Illoyalität. In manchen Phasen erschien es mir, als wäre ich als Projektleiter der Einzige, der sich den Projektzielen und nicht seiner Clique verpflichtet fühlte. Wie sollte ich die teaminternen Energiefresser überwinden und die Kraft der Mitarbeiter wieder auf die gemeinsamen Aufgaben und Ziele ausrichten?

Wege zur Lösung

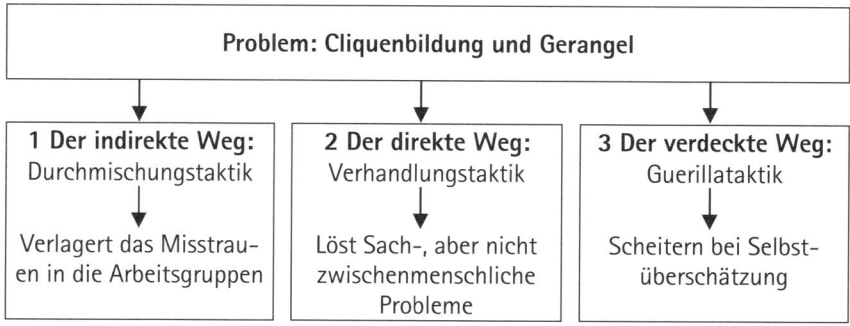

1 Der indirekte Weg: Durchmischungstaktik

Wenn Sie erkennen, dass sich Subgruppen in Ihrem Team bilden, können Sie dem durch das Durchmischen der Mitarbeiter entgegenwirken. Beispielsweise können Sie bei der Zusammenstellung von Arbeits- oder Workshop-Gruppen oder bei der Besetzung von Teilprojekten darauf achten, die bestehenden Cliquen auseinander zu reißen und die Mitarbeiter kräftig durchzumischen. Die damit verbundene Hoffnung auf einen besseren Zusammenhalt im Gesamtteam gründet auf der Kernidee von Teamarbeit, nämlich dem gemeinsamen Arbeiten. Eine gemeinsame Aufgabe bildet den Ausgangspunkt für das Entstehen eines Teamgefühls. Als Projektleiter bauen Sie darauf, dass sich die Loyalität der Mitarbeiter durch die gemeinsame Arbeit verschiebt: weniger Bindung an die Heimatclique, mehr Orientierung auf das neue Team.

PRO

Termine: Mit der Durchmischungstaktik versuchen Sie, dem teaminternen Konflikt indirekt zu begegnen. Sie beeinflussen durch das gezielte Zusammensetzen von Arbeitsgruppen die Kontaktzeit der Projektmitarbeiter miteinander. Gelingt Ihnen dieser Prozess, bringen Sie die Mitarbeiter dazu, mehr Zeit mit den eigentlichen Projektaufgaben und weniger Zeit mit sich selbst und den Interessen der eigenen Clique zu verbringen.

Kosten: Der indirekte Weg erzeugt keine zusätzlichen Kosten. Indem Sie selbst die Zusammenstellung der Subteams steuern, setzen Sie auf die Kraft des Faktischen.

CONTRA

Qualität: Der entscheidende Negativpunkt des Durchmischungswegs ist, dass Sie wahrscheinlich nur eine Verlagerung der Konfliktlinien in die Arbeitsgruppen erreichen werden. Es ist damit zu rechnen, dass die sich natürlich gebildeten Seilschaften eine große Beständigkeit haben und die Loyalität der Mitarbeiter nach wie vor ihren alten Cliquen geschuldet ist.

Termine: Scheitert Ihre Durchmischungstaktik an der Veränderungsresistenz der alten Cliquen, werden Sie massive Probleme bekommen, Ihre Projektziele fristgerecht zu erreichen. Sie werden dann viel Zeit mit dem indirekten Weg vergeudet haben, ohne eine Klärung der Teamkonflikte erreicht zu haben.

Fazit: Wann dieser Weg Erfolg verspricht

Der indirekte Weg ist für mich nur der letzte Ausweg, wenn ich als Projektleiter keine anderen Handlungsoptionen mehr sehe. Das Risiko des wirkungslosen Verpuffens der Durchmischungstaktik ist mir zu groß, um grundsätzlich auf sie zu setzen. Die Durchmischung ist mir mit zu viel Hoffen und Bangen verbunden; meine Einflussmöglichkeiten als Projektleiter sind entsprechend begrenzt.

Zudem stellt sich die Frage, ob der indirekte Weg technisch überhaupt anwendbar ist. Beispielsweise muss gewährleistet sein, dass

- der Projektleiter die Durchsetzungsmacht hat, über die Zusammenstellung der Teilprojekte, Kleingruppen und Subteams alleine entscheiden zu können,

- die Mitarbeiter zu den einzelnen Arbeitsbereichen nicht bereits zugeteilt wurden,

- die Mitarbeiter den einzelnen Untergruppen frei zugeordnet werden können und sich nicht durch die jeweilige fachliche Expertise eine Gruppenzuteilung zwangsläufig ergibt.

2 Der direkte Weg: Verhandlungstaktik

Bei dem direkten Weg holen Sie sich die Konfliktparteien an einen Tisch und verhandeln über Bedingungen und Wege einer besseren Zusammenarbeit. Hierbei ist es nicht unbedingt erforderlich, dass Sie eine Aussprache mit dem gesamten Team herbeiführen. Es kann reichen, nur die Köpfe und Meinungsführer der jeweiligen Cliquen in die Verhandlung mit einzubeziehen.

Im Gegensatz zur Konfliktmoderation (siehe hierzu das Tool auf S. 178) sind Sie bei dieser Variante eindeutig ein Teil des Konflikts und können sich nicht neutral auf eine Moderatorenrolle zurückziehen.

Ein entscheidender Erfolgsfaktor des direkten Weges ist es, in dem Verhandlungsgespräch möglichst rasch und vollständig die Interessen der Parteien offen zu legen. Dazu soll Churchill einmal gesagt haben: „Wenn Du wissen willst, wie es der Mutter Deines Gegenübers geht, erzähle ihm von Deiner Mutter!". Demnach sollten Sie als Projektleiter mit gutem Beispiel voran gehen und den anderen Parteien ungeschminkt und mit offenem Visier Ihre Interessen, Wahrnehmungen und Befürchtungen darlegen.

Öffnet sich die Gegenseite dann noch nicht, können Sie durch Spiegeln Ihre Eindrücke von der Gegenseite wiedergeben: Sie schildern dabei Ihre Beobachtungen und Gefühle, beispielsweise Ihren Eindruck, die andere Partei lege die wahren Interessen hinter der eingenommenen Position nicht offen dar.

Eine weitere Eskalationsstufe besteht darin, die Gegenpartei mit provokanten Statements aus der Reserve zu locken, beispielsweise den Vorwurf einzubringen, die andere Seite handele nicht im Sinne des gemeinsamen Projektziels oder agiere illoyal.

Wiegelt die andere Partei ab und spielt sie die aufgetretenen Teamprobleme herunter, ist es an Ihnen als Projektleiter, die negativen Auswirkungen der aktuellen Form der Zusammenarbeit für die Projektziele, das Image des Projekts, das gemeinsame Unternehmen, die Markt- und Kundenentwicklung etc. darzustellen. Machen Sie dabei deutlich, dass es nicht um Sie als Person, sondern um höhere gemeinsame Interessen geht.

PRO

> **Kosten:** Sie setzen mit dem direkten Weg auf eine raschere Klärung der Teamkonflikte als mit dem indirekten Weg der Durchmischungstaktik. Das Ergebnis des direkten Weges ist in jedem Fall günstiger, weil Sie nur dann weiterarbeiten, wenn das Verhandlungsergebnis positiv ausfällt.

CONTRA

> **Qualität:** Das Ziel einer Verhandlung ist es, einen Weg zu finden, der für alle Parteien gangbar ist. Es genügt, einen Kompromiss zu vereinbaren, mit dem die Projektziele gerade noch erreicht werden können. Mit einer intensiven Aussprache würden Sie hingegen eine tiefergehende Klärung der zwischenmenschlichen Probleme anstreben, was der qualitativ nachhaltigere Weg wäre.
>
> **Karriere:** Wenn Sie Ihre eigenen Interessen offen legen, werden Sie angreifbar. Verharren die Cliquen in ihren Wagenburgen, werden Sie scheitern. Das Risiko für Ihre Karriere ist erheblich.

Fazit: Wann dieser Weg Erfolg verspricht

Der Verhandlungsweg steht Ihnen grundsätzlich immer offen. Eine besonders gute Aussicht auf Erfolg haben Sie mit diesem Weg, wenn Sie eine starke Machtposition in der Verhandlung einnehmen können. Sie stärken Ihre Verhandlungsposition, wenn Sie eine gute Alternative haben für den Fall der Nicht-Einigung am Verhandlungstisch. Ist diese so genannte BATNA (best alternative to a negotiated agreement) besser als das ausgehandelte Ergebnis, würden Sie das Ergebnis ablehnen und Ihrer BATNA den Vorzug geben. Je besser Ihre BATNA, desto entspannter und offensiver können Sie in der Verhandlung auftreten. Ist Ihre Position als Projektleiter nicht machtvoll, weil die Alternativen zu einer Überwindung der Cliquenbildung sehr begrenzt sind (z. B. Abbruch der Projektarbeit oder Fortsetzung der Arbeit ohne Aussicht auf Erfolg), so sollten Sie lieber eine subtilere Methode wählen.

3 Der verdeckte Weg: Guerillataktik

Wenn Sie als Projektleiter die Guerillataktik anwenden, bedeutet dies Kleinkrieg in Ihrem Projekt. In dem oben beschriebenen Projektteam herrschte bereits eine kaum überschaubare Gemengelage aus verdeckten Kämpfen mit schwer auszumachenden, irregulären Kombattanten. Begeben Sie sich als Projektleiter in diesen Dschungel, werden Sie scheitern, wenn Sie nicht die wichtigsten Regeln der Guerillataktik befolgen:

1   Seien Sie mobil und flexibel und ständig bereit, dem im Zweifel überlegenen Gegner auszuweichen.

2   Seien Sie schwer zu identifizieren. Niemand muss wissen, dass Sie eine aktive Rolle in der Auseinandersetzung spielen.

3   Seien Sie entschlossener und besser motiviert als der Gegner. Sie haben ein Ziel, für das es sich lohnt zu kämpfen.

4   Spielen Sie die maßgebliche Rolle bei der Entscheidung über den Ort und die Bedingungen der nächsten Konfrontation mit dem Gegner.

Übertragen auf die weniger martialische Arbeitswelt als Projektleiter ist es bedeutsam, möglichst eine Mehrheit der Teammitglieder in Ihrem Sinn zu beeinflussen. Dies gelingt Ihnen am besten, wenn Sie die Bedingungen, unter denen sich Menschen beeinflussen und verändern lassen, kennen und berücksichtigen (siehe hierzu auch das Tool Veränderungsformel auf S. 184).

Zur Veränderung von Menschen, Teams und Organisationen ist es wichtig, dass ein Veränderungsdruck spürbar ist. Ihn können Sie mit etwas Phantasie über die Guerillataktik erhöhen: Es darf den Konfliktparteien keinen Nutzen mehr bringen weiterzustreiten. Vielmehr müssen die Beteiligten einen positiven Alternativzustand zum Status-quo erkennen und den Weg dorthin beschreiten können. Ein verändertes Verhalten ist nur zu erwarten, wenn diese Faktoren gegeben sind und zusammengenommen größer sind als die Verharrungskräfte im Status quo.

PRO

Karriere: Die Guerillataktik hilft dann weiter, wenn Ihre Position als Projektleiter nicht ausreichend machtvoll ist, um bestimmte Forderungen durchzusetzen. Sie beeinflussen ohne formale Macht. Gelingt Ihnen das, beherrschen Sie auch die informelle Seite der Macht – beste Voraussetzung für Ihren Weg an die Spitze der sozialen Hühnerleiter.

CONTRA

Termine: Da Sie mit der Guerillataktik die schnelle offene Auseinandersetzung scheuen, werden Sie Zeit brauchen, Ihre Interessen durchzusetzen.

Qualität: Mit der Guerillataktik können Sie im Idealfall Ihre Projektziele erreichen, ohne dass es zu einer offenen Auseinandersetzung gekommen ist. Aber der Weg dorthin ist mit viel Kraft und Energie und Risiko des eigenen Scheiterns verbunden. Qualitativ besser und nachhaltiger ist die offene Aussprache von Konflikten im Team.

Fazit: Wann dieser Weg Erfolg verspricht

Mit dem verdeckten Weg begeben Sie sich mitten in die Auseinandersetzung mit den streitenden Parteien. Auch wenn Sie dies vorsichtig und mit Bedacht tun, werden Sie als Projektleiter ein unmittelbarer Teil des Konflikts. Sie stehen damit nicht mehr über den Dingen und verlieren unter Umständen die nötige Reflexionsdistanz. Andererseits: Sind die Machtverhältnisse ohnehin gegen Sie, bleibt Ihnen nichts anderes übrig als zu kämpfen.

Mein Weg: Rädelsführer identifizieren und beeinflussen

Der indirekte Weg der Durchmischung war mir zu langwierig und ungewiss im Ausgang, der direkte Weg der Verhandlung war mir zu riskant, weil meine Machtposition schwach war. Die streitenden Parteien hatten ohnehin ihre eigenen Interessen und nicht die gemeinsamen Projektziele im Auge. Was hätte sie also bewegen sollen, sich zu öffnen und ihre Machtbasis in der eigenen Clique zum Wohle des Gemeinsamen zu schwächen? Ich entschied mich für die Guerillataktik, die ich insgeheim für mich auch tatsächlich so nannte. Das sollte mich daran erinnern, dass ich eigentlich keine Chance gegen die abgeschotteten Untergruppierungen hatte, aber trotzdem für das Projekt kämpfen wollte.

Im Einzelnen ging ich so vor, dass ich zunächst die einzelnen Gruppen und ihre jeweiligen Meinungsbildner und informellen Führer, die so genannten Rädelsführer, identifizierte. Dann suchte ich die Nähe dieser Projektmitarbeiter und schuf Gelegenheiten für Vier-Augen-Gespräche. In diesen inoffiziellen Gesprächen sprach ich meine Wahrnehmungen und Befürchtungen ohne Vorwarnung an und beobachtete die Reaktion des jeweiligen Gesprächspartners. Anschließend legte ich mein Interesse an einer Überwindung der Cliquenbildung und der internen Politik offen und lotete mit dem jeweiligen Rädelsführer die Chancen einer Veränderung aus.

Um die Veränderungsbereitschaft zu erhöhen, nutzte ich die in der Veränderungsformel (siehe Tool auf S. 184) verwendeten Einflusshebel:

1 Ich zeigte die Chancen einer funktionierenden Zusammenarbeit auf und malte die Vorteile eines Überwindens der nervigen Teamkonflikte aus.

2 Ich diskutierte mit dem jeweiligen Gesprächspartner mögliche Schritte zur Erreichung dieses positiven Alternativzustands.

3 Ich erhöhte den Veränderungsdruck, indem ich die moralische Mitverantwortung des jeweiligen Rädelsführers betonte und mehr oder weniger klar mit einer offenen Eskalation des Konflikts und dem Abbruch der Projektarbeit drohte.

Wie es ausging? In den inoffiziellen Einzelgesprächen stimmten mir alle Rädelsführer in der Analyse der Teamsituation zu. Niemand negierte den Änderungsbedarf und alle verpflichteten sich zu einer aktiven Mithilfe bei der Überwindung der Schwierigkeiten. In Teamsituationen war von dieser erklärten Hilfsbereitschaft nicht immer etwas zu spüren, aber zumindest hielten sich alle Rädelsführer mit dem bis dahin spürbaren aktiven Hintertreiben der Projektziele zurück. Wir hielten einen brüchigen Frieden bis zum Abschluss des Projekts und waren alle froh, zukünftig nicht mehr so eng zusammen arbeiten zu müssen.

KLARTEXT: CLIQUENBILDUNG UND GERANGEL ÜBERWINDEN

1 Seien Sie nicht naiv. Unterschätzen Sie nie die Beständigkeit von alten Seilschaften, auch wenn es vordergründig nicht so aussieht.

2 So bitter es klingen mag: Cliquen führen ein Eigenleben, und Ihre Macht als Projektleiter ist begrenzt. Wenn Sie nichts tun, wird man Sie am langen Arm verhungern lassen.

3 Wozu brauchen Sie Macht, wenn Sie Einfluss haben? Eine verdeckte Operation zur Beeinflussung von Meinungsbildnern im Team ist wirksamer als eine formal korrekte, aber machtlose Verhandlung.

4 Zeigen Sie, dass Sie bereit sind zu kämpfen. Das Entfernen des größten Quertreibers aus dem Team hat Symbolwirkung und schreckt die anderen Rädelsführer ab.

Wenn die Puste ausgeht: Wie Ihr Team den Marathon übersteht

» DAS SZENARIO

Was als kurzes überschaubares Projekt begann, dauerte am Ende von der ersten Idee bis zur letzten Durchführungsphase über vier Jahre. Aber davon hatte am Anfang niemand etwas geahnt. Nach einer zeitraubenden Konzeptions- und Abstimmungsphase konnten wir endlich mit der Projektarbeit beginnen. Als wir uns dem Abschluss der Arbeiten näherten, kam die Entscheidung: Wir sollten das Projekt auf einen viel größeren Bereich ausdehnen. Der Umfang des Projekts verdreifachte sich dadurch, seine Dauer verlängerte sich um weitere zwei Jahre. Inhaltlich stellte die Mehrarbeit keine zusätzliche Herausforderung dar, und die Puste ging langsam aus. Wie sollte ich da als Projektleiter die Energie im Projekt aufrecht erhalten?

Wege zur Lösung

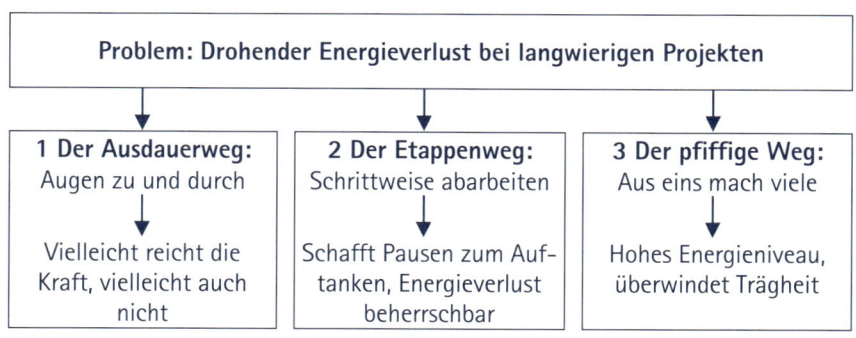

Problem: Drohender Energieverlust bei langwierigen Projekten		
1 Der Ausdauerweg: Augen zu und durch	**2 Der Etappenweg:** Schrittweise abarbeiten	**3 Der pfiffige Weg:** Aus eins mach viele
Vielleicht reicht die Kraft, vielleicht auch nicht	Schafft Pausen zum Auftanken, Energieverlust beherrschbar	Hohes Energieniveau, überwindet Trägheit

1 Der Ausdauerweg: Augen zu und durch

Bei langen Projekten sind Ausdauersportler gefragt. Auf Langlauf sind aber die wenigsten Mitarbeiter in Projekten eingestellt, schließlich sind Projekte zeitlich befristet, ihr Ende ist absehbar. Gerade wenn es im Verlauf eines langen Projektes um das Abarbeiten von wiederkehrenden Tätigkeiten geht, rutscht das Energie- und Motivationsniveau in den Projektteams besorgniserregend ab. Hier gilt es gegenzusteuern, idealerweise nicht nur mit Durchhalteparolen.

Der ausdauernde Weg arbeitet mit dem Licht am Ende des Tunnels. Wenn wir uns die zu erreichende Oase nur intensiv genug vorstellen, können wir eine nicht für möglich gehaltene Willenskraft und Zähigkeit entwickeln und auch lange Durststrecken überwinden.

Als Projektleiter müssen Sie in diesen Phasen noch mehr als sonst ein integraler Bestandteil des Teams sein. Es kommt ganz wesentlich darauf an, dass Sie im Zweifel die größte Last selber tragen, Ihren Optimismus nicht verlieren und betonen, aus welchen Gründen sich der beschwerliche Weg für alle lohnt. Die Mitarbeiter müssen ein hohes Vertrauen in Ihre persönlichen Führungsqualitäten haben. Das Vertrauen Ihrer Mitarbeiter in Sie wächst durch integeres Verhalten und durch das Zutrauen in Ihre mentale und körperliche Fitness.

PRO

Karriere: Krisensituationen und langwierige Projekte mit ungewissem Ausgang sind der Hintergrund, vor dem wahre Helden sichtbar werden. Gelingt es Ihnen, ein Team mit Optimismus und Tatkraft durch das Tal der Tränen zu führen, wird man Ihre Ausdauer und Ihre Führungsqualitäten würdigen.

Kosten: Sie bringen Ihr Team nach diesem Weg dazu, eine an sich wenig motivierende Tätigkeit ausdauernd und beharrlich abzuarbeiten. Gelingt Ihnen dies ohne größere Energieverluste, fallen keine Kosten für zusätzliche Ressourcen an.

 **CONTRA**

Qualität: Die Gefahr, durch Monotonie Qualitätsverlust zu erleiden, ist groß.

Karriere: Besonders einfallsreich ist der ausdauernde Weg nicht. Im Verlauf eines langen Projektes müssen Sie mit dem Abgang von Mitarbeitern rechnen. Typischerweise sind es gerade die ambitionierten, hungrigen Mitarbeiter, die als erste ein langweiliges Projekt verlassen. Die Außenwirkung eines schrumpfenden Projektteams ist nicht förderlich für Ihr Image.

Fazit: Wann dieser Weg Erfolg verspricht

Der ausdauernde Weg ist nur zu empfehlen, wenn Sie sich sicher sind, das tatsächliche Ende der Odyssee zu kennen. Nichts ist demotivierender, als nach dem mühsamen Erklimmen eines Berges festzustellen, dass der eigentliche Gipfel erst dahinter liegt. In einem derartigen Fall wäre Ihnen als Projektleiter die Meuterei Ihres Teams gewiss.

Andererseits: Wirklich große und bedeutsame Projekte sind nie kurzfristiger Natur. Wirklich stolz auf das Erreichte ist man nur, wenn man vorher besondere Hindernisse oder Durststrecken überwunden hat. Wenden Sie den ausdauernden Weg an, setzen Sie ein Signal im Unternehmen gegen kurzfristiges Denken. Hartnäckigkeit und Ausdauer sind nötig, um in trägen Organisationen nachhaltig wirksam zu werden und schwierige Veränderungen durchzusetzen.

2 Der Etappenweg: Schrittweise abarbeiten

Hier unterteilen Sie als Projektleiter die gesamte lange Strecke in Etappen, die jeweils wie kleine Projekte gehandhabt werden. Das bedeutet beispielsweise, dass Sie in jeder Etappe

- eindeutige Ziele definieren und kommunizieren,
- einen offiziellen (Etappen-)Kick-off organisieren,
- die Ressourcen auf die jeweils zu bewältigende Teilstrecke abstimmen, also nicht immer alle Teammitglieder zu jedem Zeitpunkt des Gesamtprojekts aktiv einbinden,
- das Erreichen einer Etappe gemeinsam feiern.

Durch das Unterteilen des Projekts in Einzeletappen helfen Sie den Mitarbeitern, ihre Energie auf die jeweils nächste relevante Aufgabe zu fokussieren und angesichts der Größe und Dauer des Gesamten nicht zu verzagen. Der übliche Abfall der Teamenergie nach einem erfolgten Projektstart (siehe hierzu die nachfolgende Abbildung zur Team-Energie-Kurve) wird durch den Etappenweg in kürzeren Zyklen häufiger durchlaufen. Über den gesamten Projektverlauf hinweg vermeiden Sie auf diese Weise einen kritischen Energieeinbruch und halten die Teamenergie insgesamt auf einem produktiven Niveau.

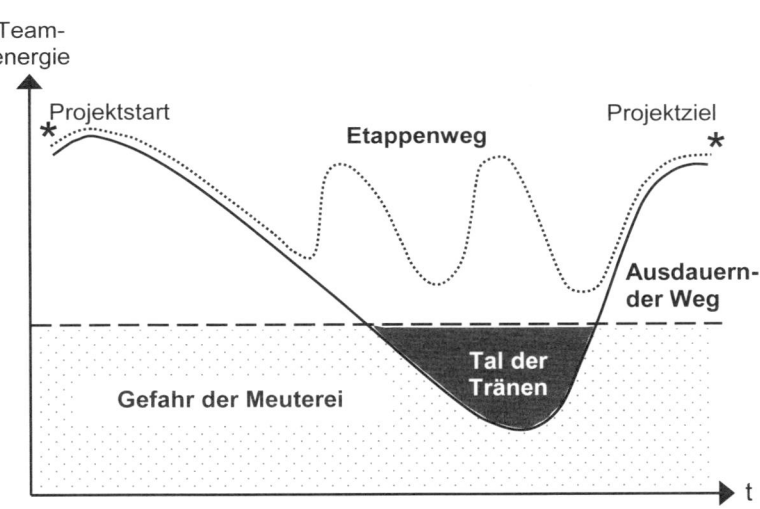

Abbildung: Die Wege bei drohendem Energieverlust

 **PRO**

Qualität: Sie ermöglichen eine Fokussierung der Mitarbeiter auf die jeweils anstehende Teilaufgabe. Dies verbessert die Ergebnisqualität.

Kosten: Sie gehen einen Ressourcen schonenden Weg, da Sie immer nur die Mitarbeiter beschäftigen, die für die Bewältigung der jeweiligen Etappe wirklich benötigt werden.

Termine: Sie verschaffen Ihren Mitarbeitern durch den verbesserten Ressourceneinsatz und das Feiern und Innehalten nach dem Erreichen eines Etappenziels Pausen zum Verschnaufen und Krafttanken. Ein gut erholtes Team arbeitet effizienter und schneller als ein auf Dauerlauf eingestimmtes Team.

 CONTRA

Qualität: Durch ein zu starkes Segmentieren des Gesamtauftrags besteht die Gefahr, das große Ganze aus dem Auge zu verlieren. Für Mitarbeiter ist dies ein wahrscheinlicheres Risiko als für Sie als Projektleiter. Die Mitarbeiter müssen erkennen, welchen Zweck der jeweilige Etappenschritt für das übergeordnete Projektziel erfüllt, damit sie ihre maximale Leistungsfähigkeit abrufen.

Fazit: Wann dieser Weg Erfolg verspricht

Die Vorteile des Etappenwegs liegen auf der Hand. Es empfiehlt sich für Sie als Projektleiter, langwierige Aufgaben in sinnvolle Etappen zu unterteilen, die ihrerseits wie kleine Projekte behandelt werden.

In manchen Situationen ist der Etappenweg jedoch nur eingeschränkt möglich. Beispielsweise, wenn die Entscheidung über eine Ausweitung oder Verlängerung eines Projektes erst kurz vor Abschluss des ursprünglich geplanten Projektes getroffen wird. Bei einer solchen Veränderung des bisherigen Projektauftrages können Sie sich das Denken in Etappen jedoch für den zweiten Teil des Projektes zu Nutze machen.

3 Der pfiffige Weg: Aus eins mach viele

Was spricht dagegen, ein langes Projekt nicht nur in Etappen zu unterteilen, die sequenziell abgearbeitet werden, sondern in eine Abfolge von eigenständigen Projekten? Damit ist nicht das Bilden von Teilprojekten gemeint, sondern tatsächlich das Neuerfinden des Projektes und des dazu gehörigen Teams. Dies geht qualitativ über das Etappendenken hinaus:

■ Sie schließen das „Vorgängerprojekt" offiziell ab, einschließlich der Budgetabrechnung und einer Prozess- und Ergebnisevaluation.

■ Auf dieser Basis definieren Sie neue Ziele, die mit einem zu definierenden Projekt erreicht werden sollen.

■ Angemessen für die festgelegten Projektziele bestimmen Sie Ihren Ressourcenbedarf einschließlich der benötigten Mitarbeiterkapazitäten.

■ Die Positionen im Projekt werden besetzt, aber nicht notwendigerweise mit den gleichen Personen wie im Vorgängerprojekt.

■ Sie entwickeln Ihr neues Team und bearbeiten die Projektaufgaben mit Fokus und Energie.

■ Sie schließen das Projekt formal ab und analysieren den neuen, durch das Projekt entstandenen Status quo. Auf der Basis der Evaluationsergebnisse wird, wenn nötig, dann ein neues Projekt definiert, und der Zyklus wird erneut durchlaufen.

VORSICHT BOMBE!

Sie werden eine böse Überraschung erleben, wenn im Verlauf des Projekts einem Einzelprojekt aufgrund geänderter Rahmenbedingungen die Genehmigung verweigert wird. Dieses Risiko haben Sie nicht, wenn Sie nur einmal eine Entscheidung für das Gesamtprojekt einholen müssen.

So entschärfen Sie die Bombe

1 Kommunizieren Sie gegenüber Ihrem Auftraggeber in größeren, langfristigeren Dimensionen als gegenüber Ihrem Team. Sie zeigen damit auf, wie die Einzelprojekte zusammenwirken und jeweils für sich genommen unverzichtbar sind im Hinblick auf das angestrebte Gesamtziel.

2 Fassen Sie mehrere Projekte zusammen und lassen Sie sich für das Projektpaket die Genehmigung erteilen und die Budgets freigeben.

PRO

Qualität: Sie bewahren sich durch das Definieren von überschaubaren Einzelprojekten die Beweglichkeit, auf sich verändernde Rahmenbedingungen schnell zu reagieren und die inhaltliche Ausrichtung Ihrer Projekte anzupassen. Überflüssig gewordene Projektteile können Sie ohne Probleme weglassen.

Kosten: Sie müssen kein langwieriges Großprojekt kalkulieren, sondern planen lediglich die Kosten für kleinere Einzelprojekte. Sie schließen ein Projekt zunächst finanziell ab, bevor Sie in den Budgetierungsprozess für das nächste Projekt einsteigen. Kostenüberschreitungen werden schnell erkannt und behoben, bevor sie sich potenzieren können.

Termine: Das Terminrisiko wird deutlich überschaubarer. Analog zu den Kosten können Sie Terminprobleme frühzeitiger identifizieren und entsprechend zeitnah gegensteuern.

 CONTRA

Qualität: Durch das Unterteilen eines großen Vorhabens in mehrere Einzelprojekte ist die Gefahr, das Fernziel aus den Augen zu verlieren, noch größer als beim Etappendenken.

Karriere: Nicht nur die Mitarbeiter, auch der Projektleiter kann theoretisch bei jedem neuen Einzelprojekt ausgetauscht werden. Zudem ist es ruhmreicher, ein schwer überschaubares, besonders langwieriges und sichtbares Projekt zum Erfolg zu führen, als viele kleine.

Fazit: Wann dieser Weg Erfolg verspricht

Dieser Weg des sich neu Erfindens bietet sich insbesondere in Organisationen an, die gekennzeichnet sind durch

- schnell wechselnde Markt- und Wettbewerbsbedingungen,
- eine hohe Reaktionsgeschwindigkeit auf Veränderungen in der Umwelt,
- eine ausgeprägte Veränderungsbereitschaft,
- häufig wechselnde Belegschaft und eine erhöhte Fluktuationsrate,
- ein Vorherrschen von kurzfristigem Denken und
- den Wunsch nach Risikovermeidung und Beherrschung von Komplexität.

Mein Weg: Zwei Projekte, viele Etappen

Ein einfaches „Augen zu und durch" hätte es in dem oben beschriebenen Projektbeispiel nicht getan. Hierzu war jedem der Beteiligten die Länge und Beschaffenheit der anstehenden Durststrecke nur zu bewusst, ein Abfall der Energie mit zahlreichen personellen Abgängen im Projektteam war vorhersehbar.

Stattdessen wählten wir, quasi durch Zufall, den Weg des sich neu Erfindens: Als uns die Entscheidung ereilte, dass der Umfang des Projekts noch einmal erheblich erweitert und die Dauer um zwei Jahre verlängert werden sollte, hatten wir bereits alles für den Abschluss unseres langen Projekts vorbereitet. Nach einigen Diskussionen entschieden wir, fast aus Trotz, die geplante Projektabschlussfeier dennoch durchzuführen. Aus dieser spontanen Reaktion heraus entstand dann nach und nach die Idee, das Projekt tatsächlich abzuschließen und die anstehenden Arbeiten als neuen Projektauftrag aufzusetzen. Viele kleine Details und Zufälle fügten sich zusammen:

- Wir beschleunigten das Ende der Projektzusammenarbeit mit den Kollegen, die in Gesprächen ohnehin einen reduzierten Einsatz in dem „neuen" Projekt angedeutet hatten.

- Die Teilnahme an dem „neuen" Projekt beruhte auf Freiwilligkeit. Jeder aus dem bisherigen Team erhielt die Option, das Projektteam wie geplant zu verlassen.

- Die verbliebenen Mitarbeiter erhielten mehr Verantwortung in dem Projekt, schließlich waren sie mittlerweile routiniert.

- Die offenen Positionen im Projekt wurden neu besetzt. Die Neuen im Projekt brachten frischen Wind in das Team.

- Das personell veränderte Team musste einen eigenen Entwicklungsprozess durchlaufen, der für alle Beteiligten spannend und inspirierend war.

- Alle bisherigen Vorgehensweisen wurden von dem neuen Team auf den Prüfstand gestellt. Daraus resultierten zahlreiche Veränderungen und Neudefinitionen von Prozessen.

- Das „neue" Projekt wurde von Beginn an in Etappen unterteilt und schrittweise abgearbeitet. Erfolge wurden gemeinsam gefeiert. Das organisierte Bergfest nach dem Erfüllen der Hälfte aller Etappen wurde legendär.

Wie es ausging? Die Energie in dem Projektteam blieb über die lange Zeit hinweg hoch. Hierzu hat sicherlich maßgeblich die Veränderung des Kabinetts während der Legislaturperiode beigetragen. Mir hat der zweite, eigentlich langweiligere Teil des Projekts sogar mehr Spaß gemacht als der erste, was ich rückblickend betrachtet auf die interessante Teamzusammenstellung und die unerwartet hohe Motivation der Mitarbeitenden zurückführe.

 KLARTEXT: WIE IHR TEAM DEN MARATHON ÜBERSTEHT

1   Sagen Sie Ihren Mitarbeitern, dass sie sich auf einen Dauerlauf einrichten sollen. Wer mit einem Sprint rechnet, ist zu schnell aus der Puste.

2   Rücken Sie die Ziele der nächsten Etappe in den Fokus Ihrer Mitarbeiter. Aber sagen Sie Ihnen auch, wie schön es am Ende Ihrer Reise sein wird.

3   Keine Scheu vor einem Tausch der Pferde. Sie müssen nicht mit demselben Team ankommen, mit dem Sie losgelaufen sind.

4   Feiern Sie sich, wann immer möglich.

Diese Tools brauchen Sie

Tool	Beschreibung, Stärken/Schwächen	Aufwand Nutzen
Regeln der Konflikt-moderation	Regelkatalog zur Moderation von Konflikten. Nicht anwendbar, wenn der Projektleiter Teil des Konflikts ist.	●● ★★★★
Methode des Para-phrasierens	Systematik des Paraphrasierens, um zu klären, ob etwas richtig verstanden wurde. Paraphrasieren verlangsamt das Gespräch und beugt damit einer Eskalation vor.	●●● ★★★★
Grundprinzipien von gutem Feedback	Grundsätze für das richtige Vermitteln von Feedback. Nur zeitnahes Feedback erreicht die optimale Wirkung. Kritisieren Sie immer nur das Verhalten, nie die Identität des Gegen-übers!	●● ★★★
Leitfaden für Feed-backgespräche (Modell der 5-Stufen-der-Problem-erkenntnis ▼	Modell, um Problemerkenntnis bei Mitarbei-tern herbeizuführen. Einfach, aber sehr hilf-reich. Wirkt immer.	●● ★★★★
Die Veränderungs-formel	Formel, um Veränderungsbereitschaft bei Mitarbeitern zu erkennen und zu erwirken. Gute Hilfe, um sich über die eigenen Stellhebel und Einflussmöglichkeiten klar zu werden.	●● ★★★★★

Die mit dem Icon ▼ gekennzeichneten Tools können Sie im Internet unter www.projektmagazin.de/klartext abrufen.

Die besten Tools – wie sie funktionieren

Regeln der Konfliktmoderation

Wenn Sie als Projektleiter bei Konflikten von Mitarbeitern untereinander in einem Dreiergespräch die Position eines Mediators einnehmen wollen, bietet sich folgendes Vorgehen an: Bei dem Gespräch erhalten die beiden Parteien nacheinander die Möglichkeit zur Darstellung ihrer jeweiligen Sichtweisen und Standpunkte. Anschließend werden beide Parteien um mögliche Lösungsvorschläge gebeten. Es wird das Ziel verfolgt, eine Klärung des Konflikts herbeizuführen oder zumindest von beiden Parteien akzeptierte Spielregeln und Vorgehensweisen in Bezug auf den Konfliktgegenstand zu vereinbaren. Falls Sie selbst als Moderator in dieses Dreiergespräch gehen, so sollten Sie sich zuvor die wichtigsten Regeln der Konfliktmoderation bewusst machen und während des Gespräches einsetzen:

- **Erhöhen Sie die Kosten.**

  Konflikte können nur dann gelöst werden, wenn die subjektiven „Kosten" für die Aufrechterhaltung des Konfliktes höher sind als die „Kosten" eines Friedensschlusses. Sofern für eine oder auch beide Parteien kein Anreiz besteht, den Konflikt beizulegen, werden alle Bemühungen der Konfliktmoderation ins Leere laufen. Als Moderator können Sie die subjektiven Kosten dadurch erhöhen, dass Sie die negativen Seiten des Konfliktes herausarbeiten und damit erlebbar machen. Sie können die Kosten aber auch beispielsweise dadurch steigern, dass Sie den Ausschluss der Konfliktparteien aus dem Projekt oder andere negative Konsequenzen als reale Option darstellen.

- **Machen Sie aus Konflikten Dissens.**

  Erst dadurch, dass Konflikte verbalisiert, offengelegt und damit den Parteien zugänglich gemacht werden, wird die Erarbeitung einer Lösung möglich. Ihr Hauptanliegen als Konfliktmoderator sollte es sein, den Konflikt bewusst zu machen und Subjektives in Objektives zu überführen. Als Moderator sind Sie für die Rationalisierung des Konfliktes zuständig. So werden auch irrationale Standpunkte und Aggressionen im verbalen Dissens bewusst gemacht.

- **Operieren Sie immer auf der Basis von Mandaten.**

  Konflikte können nur durch „Macht" gelöst werden. Als Konfliktmoderator müssen Sie sich dieses Macht-Mandat über Ihre Funktion als Konfliktlöser einholen. Im Prozess müssen Sie sich als Moderator also immer wieder das Einverständnis beider Parteien für die nächsten Schritte sichern. Je konfliktgeladener sich die Situation darstellt, desto mehr „Funktionsmacht" müssen Sie als Moderator besitzen.

- **Seien Sie neutral gegenüber den Inhalten, aber parteiisch gegenüber dem Prozess.**

  Als Moderator stehen Sie den Inhalten neutral gegenüber. Dies bedeutet jedoch nicht, dass Sie nicht bisweilen sehr autoritär auf eine Lösung hinarbeiten können. Inhalte, die von den Parteien vorgebracht werden, nehmen Sie zur Kenntnis, ohne sie negativ oder positiv zu bewerten. Torpedieren die Parteien jedoch den Lösungsprozess, sind Sie als Moderator gehalten, entsprechend zu intervenieren. Wenn es sein muss auch mit harten Mitteln.

- **Konfliktlösung ist Konsenssuche und –entwicklung.**

  Konflikte können erst dann gelöst (nicht entschieden!) werden, wenn zwischen den Parteien Konsens über die relevanten Streitpunkte besteht. Erst auf Basis dieses Konsenses können Vereinbarungen getroffen und Lösungen erarbeitet werden. Als Moderator ist es Ihre Aufgabe, den Prozess der Konsenssuche aktiv anzustoßen und ein lösungsorientiertes Vorgehen sicherzustellen, ohne jedoch inhaltlich selbst mit Vorschlägen einzugreifen.

Methode des Paraphrasierens

Eine Paraphrase (griech. *para* = dazu und *fraseïn* = sagen) ist die Wiederholung einer Aussage Ihres Gesprächspartners mit Ihren eigenen Worten, ohne dass Sie sprachlich oder im Tonfall den Inhalt der Aussage beurteilen. Neutralität in Wort und Tonfall ist das Grundprinzip dieser Gesprächstechnik, die Ihnen eine gute Möglichkeit bietet sicherzustellen, dass Sie Ihren Gesprächspartner richtig verstanden haben.

Wenn Sie beispielsweise einen Mitarbeiter nach der Beschwerde über einen Teamkollegen für die Konfliktlösung in die Verantwortung nehmen wollen, so ist es von großer Bedeutung, dass sich Ihr Mitarbeiter von Ihnen verstanden fühlt und Sie sein Anliegen richtig verstanden haben. Wenn Sie paraphrasieren, dann geben Sie das, was Sie von Ihrem Gesprächspartner verstanden haben, in eigenen Worten wieder. Insofern ist die Paraphrase ein wichtiges Feedback an den Gesprächspartner, wie beim Zuhörer das „Gemeinte" angekommen ist. Denn zwischen der „gemeinten" Mitteilung des Mitarbeiters und dem, was Sie mit der Mitteilung verstanden haben, können mehr oder minder große Differenzen bestehen. Schließlich nimmt jeder Mensch auf Basis seines Erfahrungshintergrunds wahr und verwendet eine für ihn spezifische Ausdrucksweise. Im Alltag spricht man bei diesen Missverständnissen meist davon, „aneinander vorbei geredet zu haben".

Ein Beispiel:

Mitarbeiter: „Ich habe in den vergangenen Sitzungen einiges über mich ergehen lassen, aber jetzt geht Herr XY wirklich zu weit. Im letzten Meeting hat er meinen Vorschlägen mal wieder überhaupt nicht richtig zugehört, sondern schmettert diese immer sofort als 'dummen Unfug' und 'blödsinnige Ideen' ab."

Projektleiter: „Es scheint mir, dass Sie vor allem über die Art und Weise, mit der Herr XY auf Ihre Vorschläge reagiert, sehr verärgert sind."

Mitarbeiter: „Die Art von Herrn XY in solchen Situationen stört mich wirklich. Viel schlimmer finde ich allerdings noch, dass er nicht einmal bereit ist, sich neuen Ideen gegenüber zu öffnen und sich diese in Ruhe anzuhören. ..."

Haben Sie als Zuhörer die Aussagen Ihres Gesprächspartners korrekt wiedergegeben, so werden Sie von diesem Zustimmung und ggf. bestätigende Zusatzinformationen erhalten. Liegt der Schwerpunkt der Aussage in einem anderen Bereich oder fühlt sich Ihr Gesprächspartner nicht richtig verstanden, so wird er den Inhalt Ihrer Paraphrase korrigieren. Eine Paraphrase fordert Ihren Gesprächspartner damit automatisch auf, seine eigenen Aussagen zu überprüfen und Ihr Verständnis seiner Sichtweise zu bestätigen oder zu korrigieren.

Grundprinzipien von gutem Feedback

Wenn Ihnen bei einem Ihrer Projektmitarbeiter ein nicht erwünschtes oder verbesserungswürdiges Verhalten auffällt, so sollten Sie möglichst zeitnah zu dem Ereignis ein vertrauliches Feedback-Gespräch mit ihm führen. Damit Ihr Feedback für den Mitarbeiter annehmbar ist und damit auch die gewünschte Wirkung erreicht, sollten Sie auf die Einhaltung der Grundprinzipien von gutem Feedback achten. Beziehen Sie Ihr Feedback dabei immer auf das Verhalten des Mitarbeiters („Wie hast du dich verhalten?") und greifen Sie nie seine Identität an („Wie bist du?").

- **Gutes Feedback bewegt sich im Spannungsfeld zwischen Offenheit und Annehmbarkeit.**

  Um Steuerungswirksamkeit durch das Feedback zu erreichen, ist es auf der einen Seite wichtig, in der Rückmeldung offen, aufrichtig und klar zu sein. Auf der anderen Seite wird Ihr Feedback nur dann Wirkung zeigen, wenn es für den Mitarbeiter auch annehmbar ist. Gutes Feedback bewegt sich daher immer zwischen den Polen der Offenheit und Annehmbarkeit. Dabei ist es für die Annehmbarkeit Ihres Feedbacks viel weniger relevant, ob Sie die klassischen Regeln (Verwende niemals vorwurfsvolle Du-Botschaften! etc.) befolgen, sondern wie Sie die Beziehung zwischen sich und dem Mitarbeiter grundsätzlich gestalten. Ist Ihrem Mitarbeiter bewusst, das Sie ihn kritisieren, weil Sie ein hohes Interesse daran haben, zukünftig mit ihm weiterzuarbeiten und weil Sie ihn noch besser machen wollen, so wird er Ihnen auch die eine oder andere unglücklich formulierte Du-Botschaft gerne verzeihen.

- **Gutes Feedback ist nie „ja, aber…"-Feedback.**

  Die klassische Feedbackregel „Erst das Positive, dann das Negative" hat durchaus ihre Berechtigung. Die Leistung des Mitarbeiters zunächst anzuerkennen und ihn nicht direkt mit seinem Fehlverhalten zu konfrontieren, trägt schließlich zu einer angenehmen Gesprächsatmosphäre und guten Beziehungsgestaltung bei. Achten Sie allerdings immer darauf, dass Sie nicht rein instrumentell loben: „Sie haben in dem Projekt bisher ja durchaus viele wichtige Impulse gebracht und im Prinzip waren die von Ihnen abgelieferten Ausarbeitungen ja auch immer korrekt. Im Großen und Ganzen haben Sie sich wirklich gut geschlagen, aber …" Wenn in Ihren anerkennenden Worten das „ja, aber…" bereits zu hören ist, wird

Ihr Mitarbeiter die zum Ausdruck gebrachte Wertschätzung gar nicht mehr wahrnehmen, sondern nur auf das dicke Ende warten. Trennen Sie positive und negative Rückmeldungen daher klar voneinander.

- **Gutes Feedback arbeitet mit Beispielen.**

Um das Fehlverhalten zu verdeutlichen und möglichst konkret diskutieren zu können, sind Beispiele notwendig. Wichtig ist hierbei allerdings, dass es nicht darum geht, wer „Recht hat" und seine Position mit den meisten Beispielen belegen kann. Wenn Sie Ihrem Mitarbeiter die lange Liste an Belegen und konkreten Beispielen für sein Fehlverhalten vortragen, so werden Sie damit wenig erreichen. Ihr Mitarbeiter fühlt sich im Rechtfertigungsdruck, beginnt nach Erklärungen und Gegenbeispielen zu suchen oder wundert sich, dass Sie die „ollen Kamellen" von damals wieder auf den Tisch bringen. Wählen Sie für Ihr Feedback sorgfältig und mit Fingerspitzengefühl einige wenige Beispiele aus der jüngeren Vergangenheit aus. Nutzen Sie diese Beispiele nicht, um zu beweisen, dass Sie Recht haben, sondern um gemeinsam und konstruktiv zu diskutieren, wie man es besser machen könnte.

- **Gutes Feedback ist zukunfts- und lösungsorientiert.**

Wenn Sie das Fehlverhalten eines Mitarbeiters kritisieren, so müssen Sie auch in der Lage sein, den positiven Gegenpol, das Zielfoto klar zu beschreiben. Selbst wenn Ihnen Ihr Mitarbeiter in Bezug auf das zu verändernde Verhalten nicht zustimmt, so müssen Sie doch in jedem Fall klar Ihre Erwartung in Bezug auf das veränderte Zielverhalten zum Ausdruck bringen können. Achten Sie darauf, nicht in der Problemanalyse und Diskussion der Vergangenheit zu verhaften, sondern vermitteln Sie Ihr Feedback zukunfts- und lösungsorientiert.

Leitfaden für Feedbackgespräche (Modell der 5-Stufen-der-Problemerkenntnis) ⊙

Wenn Sie einen Ihrer Projektmitarbeiter im Feedbackgespräch mit seinem Fehlverhalten konfrontieren, so ist nicht zu erwarten, dass dieser Ihnen sofort zustimmen und Ihre Einschätzung der Situation völlig teilen wird. Vielmehr ist es deutlich wahrscheinlicher, dass Ihr Mitarbeiter sein eigenes Verhalten anders wahrnimmt und sein Fehlverhalten nicht sofort einsehen wird. Das Modell der 5-Stufen-der-Problemerkenntnis kann Sie unterstützen zu erkennen, auf welcher Ebene der Problemerkenntnis sich der Mitarbeiter befindet und wie Sie eine Problemeinsicht bei ihm erreichen können:

1 Es gibt kein Problem! (Leugnen)

Leugnet Ihr Mitarbeiter sein Fehlverhalten, fehlt ihm also das Problembewusstsein, so gilt es für Sie mit den richtig gewählten Fakten und Beispielen eindeutig zu belegen, dass es ein Problem gibt.

2 Das Problem ist unerheblich! (Verniedlichen)

Erkennt Ihr Mitarbeiter das Problem an, spielt er es allerdings in seiner Bedeutung herunter, so zeigen Sie ihm auf, dass sein Fehlverhalten bedeutsame negative Auswirkungen hat: Für das gesamte Team, die Erreichung der Projektziele etc.

3 Es gibt ein relevantes Problem, aber man kann nichts machen!

Beruft sich Ihr Mitarbeiter auf allgemeine Unlösbarkeit der Situation, so zeigen Sie ihm positive Beispiele dafür auf, dass es eine Lösung für das Problem gibt. Verweisen Sie beispielsweise auf ähnliche Situationen, in denen es Ihnen oder anderen bereits gelungen ist, einen positiven Ausgang herbeizuführen.

4 Es gibt ein relevantes Problem, aber ich kann nichts machen!

Verweist der Mitarbeiter auf seine persönliche Hilflosigkeit, so gilt es für Sie als Führungskraft den Mitarbeiter über einen coachenden Fragestil zur Lösung zu führen. Fragen Sie Ihren Mitarbeiter, was gerade ihn daran hindert das Problem anzugehen, warum gerade er keine Lösung findet und was er benötigen würde, um doch zu einem Ergebnis zu kommen etc.

5 Es gibt ein Problem, und ich werde es angehen!

Hat Ihr Mitarbeiter die Stufe 5 der Problemerkenntnis erreicht und ist er gewillt das Problem anzugehen, so sollten Sie ihn in seinem Vorhaben unterstützen, das konkrete Vorgehen besprechen und ggf. flankierende Maßnahmen vereinbaren.

Generell gilt: Bevor der Mitarbeiter die Stufe 5 der Problemerkenntnis nicht erreicht hat, brauchen Sie keine Maßnahmen zu vereinbaren. Ist Ihr Mitarbeiter aber gewillt das Problem anzugehen, so können Sie gemeinsam Ursachen für das Fehlverhalten ergründen, nach möglichen Alternativen suchen und sich das Commitment für ein verändertes Verhalten in der Zukunft abholen.

Die Veränderungsformel

Wenn Sie der Cliquenbildung in Ihrem Projektteam entgegenwirken und dabei dem Weg der Guerillataktik folgen wollen, so besteht ein bedeutsamer Schritt darin, die informellen Führer der einzelnen Gruppen von einem veränderten Verhalten zu überzeugen. Sie müssen also zunächst die Köpfe der einzelnen Cliquen identifizieren und diese dann in Ihrem Sinne beeinflussen. Welche Bedingungen erfüllt sein müssen, damit Sie eine Verhaltensänderung erwarten können, fasst die Veränderungsformel zusammen:

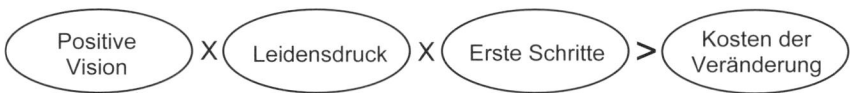

Abbildung: Veränderungsformel

- Positive Vision: Die Vorstellung davon, wie schön es sein könnte, wenn die Verhaltensänderung schon erfolgt wäre, z. B. persönlicher Nutzen, Anreize, positive Ergebnisse etc.

- Leidensdruck: Die Vorstellung davon, wie negativ sich die Zukunft entwickelt, wenn die Verhaltensänderung nicht erfolgt, z. B. negative Konsequenzen, Befürchtungen, mögliche Sanktionen etc.

- Erste Schritte: Wissen, wie der Weg zur Verhaltensänderung verlaufen könnte, z. B. Maßnahmen, erste Ansätze, alternative Verhaltensweisen etc.

- Kosten der Veränderung: Kosten, die durch die Verhaltensänderung entstehen können, z. B. Zeitaufwand, persönliche Überwindung, Unsicherheiten, mögliche Verluste etc.

Erst wenn das Produkt von positiver Vision, Leidensdruck und Wissen über die ersten Schritte die Kosten der Veränderung übersteigt, ist eine Verhaltensänderung zu erwarten. Um eine Veränderung bei den Meinungsbildnern der unterschiedlichen Gruppen zu erreichen, können Sie sich diese Einflussfaktoren als Stellhebel zu Nutze machen. Zeigen Sie den Mitarbeitern die Chancen einer funktionierenden Zusammenarbeit auf und diskutieren Sie mögliche Schritte zur Erreichung des von Ihnen ausgemalten positiven Alternativzustandes. Zudem ist es für die Veränderung von Menschen wichtig, dass ein entsprechender Veränderungsdruck spürbar ist. Scheuen Sie also auch nicht davor zurück den Veränderungsdruck zu erhöhen, indem Sie negative Konsequenzen und mögliche Sanktionen verdeutlichen.

4

Stichwortverzeichnis

Das Projekt Magazin ist das führende Fachportal für erfolgreiches Projekt-management. Wir unterstützen Sie in allen Phasen Ihrer Projektarbeit und dabei, dass Sie Ihr Ziel nie aus den Augen verlieren: den erfolgreichen Projektabschluss.

Bei uns schreiben Experten aus der Praxis – Sie profitieren unmittelbar vom Wissen renommierter Fachautoren.

www.projektmagazin.de
Hier finden Sie alles, was Sie für Ihren Projektalltag brauchen:

- über 850 Fachartikel und Tipps
- über 230 Arbeitshilfen, wie Checklisten und Vorlagen
- über 30 unabhängige Software-Besprechungen
- das umfangreichste Glossar mit über 900 PM-Fachbegriffen
- 24 Online-Ausgaben und 12 Spotlight-Themenspecials im Jahr

Das Schnupperabo-Angebot für Klartext-Leser

Registrieren Sie sich noch heute unter www.projektmagazin.de/klartext für Ihr Schnupperabo und nutzen Sie 3 Monate kostenlos das Projekt Magazin.

Sie müssen das Schnupperabo nicht kündigen, es endet automatisch nach Ablauf von 3 Monaten.

Das Projekt Magazin: Online. Aktuell. Immer für Sie da.

Weitere Titel aus der Reihe
Projektmanagement Klartext

www.haufe.de/bestellung